Oku Okon Oku-Ukpong

Avaliação da melhor técnica ambiental

Oku Okon Oku-Ukpong

Avaliação da melhor técnica ambiental

Avaliação da melhor técnica ambiental para a remoção de poluentes de petróleo bruto das massas de água

ScienciaScripts

Imprint
Any brand names and product names mentioned in this book are subject to trademark, brand or patent protection and are trademarks or registered trademarks of their respective holders. The use of brand names, product names, common names, trade names, product descriptions etc. even without a particular marking in this work is in no way to be construed to mean that such names may be regarded as unrestricted in respect of trademark and brand protection legislation and could thus be used by anyone.

Cover image: www.ingimage.com

This book is a translation from the original published under ISBN 978-3-659-79085-0.

Publisher:
Sciencia Scripts
is a trademark of
Dodo Books Indian Ocean Ltd. and OmniScriptum S.R.L publishing group

120 High Road, East Finchley, London, N2 9ED, United Kingdom
Str. Armeneasca 28/1, office 1, Chisinau MD-2012, Republic of Moldova, Europe
Printed at: see last page
ISBN: 978-620-8-35790-0

RECONHECIMENTO

Num trabalho que me exigiu muito mentalmente e financeiramente, é preciso agradecer em primeiro lugar a Deus Todo-Poderoso pela Sua graça e proteção, por ter tornado este sonho realidade. Isto significa todos os louvores, honra e adoração a Deus pela Sua graça abundante e por me ter acompanhado até à conclusão deste exercício académico.

Agradeço ao meu orientador de tese, que é também o meu orientador de curso no Institute for the Environment, Brunel University, West London, Reino Unido, o Dr. Edwin Routledge, por ter completado este livro, por ter feito correcções e pelos seus valiosos contributos. Os seus conselhos intermináveis, críticas construtivas e sugestões contribuíram imenso para a conclusão deste livro. A sua crença em mim para alcançar a grandeza estimulou-me intelectualmente. Agradeço também ao Dr. Abdul Chaudhary pelo seu apoio, conselhos e orientação ao longo dos meus estudos. Reconheço igualmente os contributos de todos os membros do pessoal do instituto, bem como dos meus colegas da Pollution and Monitoring, que me recordaram constantemente o sacrifício e os enormes passos dados para acrescentar mais um louro a mim próprio.

Estou muito grato à minha querida esposa, de valor inestimável, a Dra. Awuese L. Oku, por me ter apoiado e pelas suas contribuições para a realização deste trabalho académico. O seu apoio financeiro e moral para a realização desta glória académica foi inigualável, enorme e distinto. Agradeço igualmente aos meus filhos, Maranatha, Martina, Shekinah e Rhema, pelas suas orações, amor, encorajamento e apoio durante este período, que me inspiraram a não os desiludir.

Este reconhecimento será inconclusivo se eu não registar certas personalidades e instituições pelas suas contribuições individuais e colectivas para tornar isto uma realidade. Agradeço sinceramente ao Barr. Sunday Obioffiong, da Comissão para o Desenvolvimento do Delta do Níger, por ter liderado a minha bolsa de estudo da Comissão. Sem eles, a vida aqui teria sido um inferno. Nunca poderei esquecer os papéis positivos desempenhados por várias autoridades citadas neste livro.

DEDICAÇÃO

Este livro é dedicado em memória do meu querido e falecido pai:

"Chefe (Engr.) Robin Oku Ukpong"

O seu amor e a sua sede de conhecimento continuam a inspirar-me até hoje.

O meu trabalho é também dedicado à minha mãe e aos meus sogros, cujo apoio, encorajamento, amor e orações constantes me sustentaram durante toda a minha vida e estadia no Reino Unido.

ÍNDICE DE CONTEÚDOS

RESUMO

O problema do ambiente do Delta do Níger é o facto de estar continuamente degradado pelos frequentes derrames de petróleo. As massas de água poluídas com petróleo afectam a quantidade de oxigénio dissolvido na água, o que, consequentemente, tem impacto na vida das plantas e animais aquáticos. Os derrames de petróleo (devido à vandalização e falha dos oleodutos) ocorrem com elevada frequência na região, sendo quase uma ocorrência diária. Este estudo examina os obstáculos aos métodos de remediação utilizados no passado no Delta do Níger pelas várias companhias petrolíferas e pelas agências governamentais nigerianas, a gama de impactos da poluição petrolífera, incluindo os efeitos ambientais, sociais e relacionados com a saúde dos derrames de petróleo nas massas de água e as implicações económicas mais vastas da exploração e aproveitamento do petróleo face às suas contribuições para o conflito e a agitação nas zonas produtoras de petróleo do Delta do Níger. Os métodos de remediação anteriormente aplicados na região foram, em grande medida, ineficazes e inadequados, resultando numa maior contaminação do ambiente. A fim de avaliar a(s) melhor(es) técnica(s) ambiental(ais), foi efectuada uma comparação das várias tecnologias de remediação (incluindo a utilização de materiais sorventes orgânicos e inorgânicos, barreiras e escumadeiras, dispersantes subaquáticos e de superfície e bioremediação) utilizando ferramentas de análise PEST e SWOT. Estes dados foram depois combinados com conhecimentos políticos, sociais, económicos e ecológicos, bem como com informações sobre as caraterísticas físico-químicas do petróleo nas zonas mais afectadas, a fim de identificar a melhor abordagem de recuperação para o Delta do Níger. Os resultados mostram que a maior incidência de derrames de petróleo ocorre nas zonas de mangais e também nas zonas offshore do Delta do Níger. As florestas de mangais são importantes devido às funções ecológicas que desempenham no apoio às comunidades locais, incluindo a pesca. Além disso, as claras deficiências da constituição nigeriana para administrar a justiça ambiental e conceder o controlo dos recursos do Delta do Níger à população local são factores limitantes importantes para o desenvolvimento do Delta do Níger. A constituição nigeriana também permite que o Estado nigeriano e as companhias petrolíferas tenham o controlo total dos recursos petrolíferos da região. O estudo conclui com uma série de recomendações, centradas na legislação, na capacitação económica e para o desenvolvimento, nas medidas regulamentares e nas tecnologias de remediação mais adequadas para a limpeza de derrames de petróleo, em função da natureza do ambiente costeiro, das caraterísticas do petróleo bruto e dos elementos ambientais.

CAPÍTULO UM: INTRODUÇÃO

1.1 Introdução

A poluição ambiental das águas devido às actividades de prospeção, exploração e derrame de petróleo bruto na região costeira do Delta do Níger afectou os organismos e as plantas que vivem nestas massas de água. Em quase todos os casos, o efeito é prejudicial não só para as espécies e populações individuais, mas também para as comunidades biológicas naturais. As causas do derrame incluem falhas nas mangueiras dos sistemas de carregamento dos camiões-cisterna, fugas nos oleodutos, bem como danos intencionais nas instalações operacionais, também conhecidos por sabotagem (Obute e Osuji, 2002). A dependência crescente da utilização de hidrocarbonetos de petróleo para satisfazer as necessidades energéticas resultou num aumento das descargas acidentais de petróleo e dos seus produtos no meio aquático do Delta do Níger. De acordo com Abu e Dike, 2008, estas descargas ocorrem frequentemente durante operações como a extração, o transporte, o armazenamento, a refinação e a distribuição.

O petróleo bruto e os seus produtos, de acordo com Leahy e Colwell, 1990, podem ser classificados em hidrocarbonetos saturados, hidrocarbonetos aromáticos, resinas e alfatenos com base na sua solubilidade. Estas complexidades representam um desafio para as várias técnicas ambientais. De acordo com Venosa *et al.,* 2001, a compreensão destas propriedades é importante para determinar o comportamento do derrame de petróleo bruto e as respostas adequadas. De acordo com Abu e Ogiji, 1996, a remediação da coluna de água em derrames de petróleo por si só não pode ser considerada um bom trabalho de limpeza, uma vez que todos os sedimentos na água também estão poluídos.

1.2. O Delta do Níger.

1.2.1 Geografia do Delta do Níger.

O Delta do Níger está situado no Golfo da Guiné e estende-se por toda a Província do Delta do Níger. Inclui também a área coberta pelo delta natural do rio Níger e a área a leste e oeste que produz petróleo (NDHDR, 2006). De acordo com Uyigue e Agho, 2007, o Delta do Níger é o segundo maior delta do mundo depois do delta do Grange e do Brahnaputra na Índia. A área cobre aproximadamente 25.900 quilómetros quadrados (ERML, 1997), que é a área central de produção de petróleo, e também se estende a cerca de 75.000 quilómetros quadrados para áreas consideradas relevantes por razões de conveniência administrativa, conveniência política e objetivo de desenvolvimento. Com base nestas definições, a região do Delta do Níger é constituída por nove estados, como mostra a Figura 1 abaixo (Abia, Akwa-Ibom, Bayelsa, Cross River, Delta, Edo, Imo, Ondo e Rivers). Os principais estados que são grandemente afectados pelas actividades petrolíferas são Akwa Ibom, Bayelsa, Delta e Rivers. A área é composta por 185 administrações de áreas governamentais locais de um total de 774 administrações de áreas governamentais locais na Nigéria.

Figura 1. Mapa da Nigéria mostrando os estados tipicamente considerados parte da região do delta do Níger

Fonte: Baumuller *et.al.* 2011, Chatman House, Reino Unido.

1.2.2. Geologia do Delta do Níger.

O Delta do Níger é uma bacia pantanosa de baixa altitude atravessada por uma densa rede de rios e riachos. É constituído por quatro grandes zonas ecológicas, nomeadamente, a zona de barreira arenosa costeira, a zona pantanosa dos mangais, a zona pantanosa de água doce e as zonas de floresta tropical de planície existentes no Delta do Níger (NDHDR, 2006).

1.2.3. Clima do Delta do Níger.

O Delta do Níger tem um clima equatorial semi-quente e húmido que varia de uma parte para outra. Esta zona é um local de temperaturas uniformemente elevadas durante todo o ano e regista fortes precipitações, que conduzem a inundações (NDHDR, 2006). Consequentemente, o solo saturado na zona arenosa favorece o escoamento para os pântanos. A zona costeira do Delta do Níger é também baixa, com alturas não superiores a três metros acima do nível do mar (Dublin-Green *et al.,* 1999). As temperaturas nas zonas costeiras são moderadas pela cobertura de nuvens e a temperatura mensal varia entre 24ºC e 32ºC ao longo do ano. De acordo com Dublin-Green *et al.,* 1999, as temperaturas da superfície do mar apresentam ciclos de pico duplo; entre outubro e maio, as temperaturas da superfície do mar variam entre 27º e 28ºC, enquanto durante a estação das chuvas, de junho a outubro, variam entre 24º e 25ºC.

1.2.4. Vegetação do Delta do Níger.

A região do Delta do Níger é altamente biodiversa, com espécies únicas de plantas e animais que habitam os mangais salobros/salinos, a floresta pantanosa de água doce e a floresta tropical de terras baixas que são caraterísticas desta região. A região dos mangais é considerada a terceira maior do mundo e a maior de África, enquanto a floresta de pântano de água doce é a mais extensa da África Ocidental e Central. Estima-se que esta vegetação no Delta do Níger albergue mais de 70% da produção de petróleo bruto e gás da Nigéria.

1.3. Objectivos do projeto.

O objetivo deste projeto é avaliar o(s) método(s) mais rentável(eis) de limpeza dos poluentes do petróleo bruto na água do Delta do Níger. Isto permitirá aos decisores tomar decisões informadas em matéria de remediação.

1.4. Objectivos do projeto.

1. Identificar os obstáculos aos processos de recuperação do passado e apresentar sugestões para limitar ou erradicar esses factores.
2. Ajudar a restaurar o ambiente na região do Delta do Níger com as melhores técnicas ambientais durante os derrames de petróleo.
3. Recomendar a tecnologia de limpeza mais eficaz para o Delta do Níger em relação à poluição por petróleo na água, tendo em devida consideração os factores sociais, ambientais, tecnológicos e políticos.
4. Apresentar um documento de orientação técnica pormenorizado para ser utilizado pelas equipas de intervenção em caso de derrame de petróleo para a recuperação de linhas costeiras marinhas e zonas húmidas de água doce contaminadas com petróleo bruto e produtos petrolíferos.
5. Fornecer aos decisores da indústria petrolífera na Nigéria as informações mais recentes sobre as tecnologias em evolução que podem ser aplicáveis na resposta a um incidente de derrame de petróleo.

CAPÍTULO DOIS: REVISÃO DA LITERATURA

2.1. Introdução.

Desde a descoberta de petróleo na bacia do delta do rio Níger, na Nigéria, em 1956, ocorreram dezenas de milhares de derrames de petróleo. O primeiro grande incidente de poluição petrolífera registado ocorreu em julho de 1970, no poço de petróleo Bonu II da Shell, com um impacto numa área estimada de 697 hectares de terra e água. Entre 1976 e 1980, o país registou um total de 784 incidentes de derrame de petróleo, de acordo com Awobajo, 1981, resultando numa perda total de cerca de 1.337.000 barris (ou 56 milhões de galões) para o ambiente. Esta perda afectou seriamente as receitas do Governo Federal da Nigéria. O padrão de derrames de petróleo no Delta do Níger sugere que 67,2% dos 678 derrames registados resultaram de sabotagem, enquanto a falha de equipamento e o erro humano resultaram em 13,4% e 17,8%, respetivamente (Aprioku, 1999). Desde então, este facto tem sido contestado por outros investigadores. Segundo Egberongbe, *et al.*, (2006), 50% dos derrames de petróleo na Nigéria devem-se à corrosão, 28% à sabotagem, 21% às operações de produção de petróleo e 1% às perfurações de engenharia; incapacidade de controlar eficazmente os poços de petróleo.

A importância económica do petróleo da região do Delta do Níger para o desenvolvimento socioeconómico da Nigéria é evidente. No entanto, os riscos para o ser humano resultantes da poluição causada por derrames de petróleo bruto são cada vez mais preocupantes (Scheren *et al,* 2002).

2.2. Crude Oil Production and Exploitation in the Niger Delta (Produção e exploração de petróleo bruto no Delta do Níger).

A Nigéria é o maior produtor de petróleo e gás em África e está entre os dez maiores a nível mundial. As operações de petróleo e gás começaram no Delta do Níger em 1956, com a primeira descoberta comercial efectuada pela Shell D'Arcy em 1958, em Oloibiri. Antes disso, em 1936, foram concedidos à Shell D'Arcy direitos exclusivos de exploração de hidrocarbonetos em toda a Nigéria. Em 1939, a Shell e a British Petroleum juntaram-se para formar a unidade Shell-BP na Nigéria. Após a independência, em 1960, outras empresas como a Mobil, a Agip, a Gulf Oil (atualmente Chevron), a Satrap (atualmente Elf), a

Tenneco e a Amosea (atualmente Texaco/Chevron) juntaram-se aos esforços de exploração, tanto em terra como no mar, através da extensão dos direitos concessionais de que até então apenas a Shell beneficiava, a fim de acelerar a produção e a exploração de petróleo no Delta do Níger.

Em 1997, o governo nigeriano criou a Nigerian National Petroleum Corporation (NNPC), cujo principal papel era supervisionar a regulamentação da indústria petrolífera da Nigéria, com responsabilidade também pelos desenvolvimentos a montante e a jusante. Em 1988, o governo dividiu a NNPC em doze empresas subsidiárias, a fim de melhor gerir a indústria petrolífera do país. A maioria dos projectos de petróleo e gás da Nigéria é financiada a 95% através de empresas comuns (JV), sendo a NNPC o principal acionista.

2.2.1. Produção off-shore.

A produção de petróleo a partir de explorações offshore aumentou de sete países em 1960 para sessenta em 2005 (Kaiser, 2007), sendo que 35% da produção mundial de petróleo provém atualmente da produção offshore. De acordo com o relatório da AIE (2003), prevê-se que a produção diária de petróleo a partir de sítios offshore aumente de 84 milhões de barris de petróleo para 120 milhões de barris de petróleo até 2030. Um terço da capacidade de produção nigeriana está no offshore e a Nigéria tem planos para expandir as reservas de petróleo para 40 mil milhões de barris em 2010. A maioria das reservas de petróleo da Nigéria encontra-se ao longo do delta do rio Níger. Cerca de 65% da produção nigeriana de petróleo bruto é leve e doce (baixo teor de enxofre).

2.2.2. Produção em terra.

A produção de petróleo em terra no Delta do Níger teve início em 1958 e, atualmente, o terreno está maduro em termos de prospeção e exploração, tendo sido explorado e produzido durante mais de meio século. Em termos de reservas comprovadas de petróleo bruto e gás, a Nigéria entrou na fase de maturidade da exploração e produção de petróleo, especialmente no sector onshore. Em 1996, foi introduzida uma política importante no sector petrolífero, ao abrigo do Decreto sobre os Campos Marginais, que permite às grandes companhias petrolíferas explorarem os seus campos, ou seja, cederem a sua produção inferior a 10 000 barris por dia a companhias petrolíferas nacionais, estimulando assim a produção local.

A produção de petróleo e gás em terra na Nigéria diminuiu a uma taxa de crescimento anual acumulada (CAGR) de 4,8% durante o período de 2000-2009. Com as actuais melhorias, como o programa de amnistia do Governo Federal em 2009 para integrar os militantes na indústria petrolífera, prevê-se que a produção aumente a uma taxa de crescimento anual acumulada (CAGR) de 3,3% no período 2009-2030. As despesas operacionais onshore (Opex) representaram 92,7% das despesas totais onshore em 2009 na Nigéria, enquanto as despesas de capital (Capex) representaram os restantes 7,3%.

2.2.3. Produção a jusante.

As actividades a jusante dizem respeito ao transporte de petróleo bruto e seus derivados, bem como à sua transformação em produtos acabados e à sua distribuição e comercialização (Nwosu *et al.,* 2006). A capacidade de refinação da Nigéria é atualmente insuficiente para satisfazer a procura interna, obrigando o governo a importar produtos petrolíferos. As refinarias estatais da Nigéria (Port Harcourt 1 e 2, Warri e Kaduna) têm uma capacidade combinada de petróleo bruto de 438 750 barris por dia (U.S. Energy Information Administration, 2009). Problemas como sabotagem, incêndios, má gestão e falta de manutenção regular contribuem para a capacidade de 214 000 barris por dia atualmente registada.

2.3. História e frequência dos derrames de petróleo bruto no Delta do Níger.

As categorias de derrames de hidrocarbonetos susceptíveis de ocorrer são os derrames bastante frequentes, envolvendo alguns barris, causados por incidentes menores, e os derrames pouco frequentes, envolvendo grandes quantidades, frequentemente causados por danos, falhas mecânicas e sabotagem (Dudley, 1976; e Lahey e Leschine, 1983).

O maior incidente de petróleo bruto ocorre nas zonas de mangais e perto das zonas offshore do Delta do Níger (Abu e Ogiji, 1996 e Odeyemi e Ogunseitan, 1985). A quantidade de petróleo derramado que entra no sistema de água doce do Delta do Níger, segundo Cooney, 1984, é de cerca de 30%, enquanto 70%

entra no ecossistema marinho. Os derrames de petróleo na Nigéria são uma ocorrência comum e estima-se que 9 a 13 milhões de barris de petróleo foram derramados desde que a perfuração de petróleo começou em 1956 (Baird, 2010). Os derrames de petróleo na Nigéria têm vindo a aumentar desde 1987, de acordo com Aprioku, 1999. De acordo com Aprioku, 2003, entre 1991 e 1998, os derrames por sabotagem aumentaram, enquanto os derrames por falha de equipamento e erro humano diminuíram. A diminuição dos erros humanos deve-se a vários programas de formação e ao contacto com equipamento melhorado (Envir-Health Consultants, 1998).

2.4. A contribuição das Joint Venture Companies (JVCs) que operam no Delta do Níger para os derrames de petróleo.

[th]A participação estrangeira na indústria petrolífera nigeriana remonta ao início do século XX, quando as autoridades europeias e americanas reconheceram que o petróleo era o combustível do futuro e encorajaram as empresas privadas a empreender uma exploração agressiva em todo o mundo. Com base nesta premissa, toda a exploração e produção na Nigéria são efectuadas sob os auspícios de empresas comuns entre multinacionais estrangeiras e o governo federal nigeriano. As empresas comuns são responsáveis por 82% de toda a produção de petróleo bruto, enquanto as empresas locais independentes representam os restantes 18%. Seis grandes empresas multinacionais operam legalmente na Nigéria, nomeadamente Shell Petroleum Development Company of Nigeria Limited (SPDC); Mobil Producing Nigeria Unlimited; Chevron Nigeria Limited; Nigerian Agip Oil Company Limited (NAOC); Texaco Overseas Petroleum Company of Nigeria Unlimited (TOPCON) e Elf Petroleum Nigeria Limited. As empresas petrolíferas multinacionais na Nigéria operam em parceria com a Nigerian National Petroleum Corporation (NNPC) ao abrigo de Contratos de Partilha de Produção (PSC) em terra no Delta do Níger, na zona costeira ao largo da costa e, ultimamente, em águas profundas ao abrigo de uma concessão, sendo a NNPC a concessionária e as empresas os operadores.

2.4.1. Shell Petroleum Development Company of Nigeria (SPDC)

A Nigéria representa entre 16% e 19% da produção mundial de petróleo e gás natural líquido da Shell, segundo a organização Friends of the Earth, dos Países Baixos. A Shell regista cerca de 150 a 200 derrames de petróleo por ano, espalhados pelo Delta do Níger e afectando várias comunidades, de acordo com o Desempenho Ambiental da Shell de abril de 2011. De acordo com Crayford do Africa Today, 40% dos derrames de petróleo da Shell perfurados em 28 países ocorreram no Delta do Níger. O relatório indica que, entre 1976 e 1991, houve 2.976 derrames de petróleo do total de 4.835 derrames de petróleo na Nigéria que ocorreram nas bases operacionais da Shell, de acordo com o relatório da Human Rights Watch de 1999. Vários estudos atribuíram a maior parte da culpa pelos derrames de petróleo no Delta do Níger às companhias petrolíferas, nomeadamente à Shell. Estas utilizaram sempre informações desacreditadas e enganosas para atribuir a culpa da maioria dos derrames de petróleo a sabotadores nas suas operações no Delta do Níger, o que viola as diretrizes da OCDE para as empresas multinacionais, segundo a Amnistia Internacional e a Friends of the Earth.

2.4.2. Mobil Producing Nigéria Ilimitada

A Mobil é o segundo maior produtor de petróleo bruto da Nigéria, operando no terminal petrolífero de Oua Iboe, no Estado de Akwa Ibom. A empresa já teve a sua quota-parte de derrames de petróleo. O primeiro grande derrame de petróleo registado pela Mobil ocorreu em 1998. No relatório da Environmental Rights Action (ERA, 2001) na Nigéria, a Mobil foi responsabilizada pelo derrame de petróleo no Estado de Akwa Ibom, que libertou mais de 40 000 barris de petróleo bruto nos seus rios, riachos e terras agrícolas. Os derrames continuaram a afetar os sistemas ecológicos de várias comunidades vizinhas dos Estados de Rivers, Bayelsa, Delta e Lagos (ERA, 2001).

O segundo maior derrame de petróleo também proveniente da base operacional da Mobil ocorreu em maio de 1st 2010, derramando mais de 24.000 barris de petróleo bruto no delta. A maioria dos derrames de petróleo resultantes da base operacional da Mobil são muito frequentes, mas pequenos, exceto os dois acima mencionados, e todos ao largo da costa. Este derrame ao largo pode afetar a linha costeira e ir muito para além das suas áreas de operações. Ocorre por vezes a cerca de 20-25 milhas da costa e por vezes longe das actividades dos sabotadores.

2.4.3. Chevron Nigeria Limited.

A Chevron também teve a sua quota-parte de poluição petrolífera no Delta do Níger. O relatório da Environmental Rights Action/Friends of the Earth indica que ocorreu um enorme derrame de crude nos poços da Chevron em 1998 e 2002.

2.4.4. Nigerian Agip Oil Company Limited (NAOC).

De acordo com a Agência Nacional de Deteção e Resposta a Derrames de Petróleo (NOSDRA), as actividades da Agip no Delta do Níger derramaram 33 557,13 barris de petróleo bruto entre janeiro de 2006 e junho de 2009, em 718 incidentes, e a empresa tem o recorde de ser uma das piores empresas de derrames de petróleo a operar na Nigéria.

2.4.5. Texaco Overseas Petroleum Company of Nigeria Limited.

A Texaco foi responsável por um dos maiores derrames de petróleo durante uma explosão na sua subestação em 1978, que despejou cerca de 400 000 barris de petróleo bruto de Escravos no Golfo da Guiné, segundo Nwilo e Badejo, 2001. Um relatório de 1998 dos serviços de informação sobre derrames de petróleo documenta o maior derrame nigeriano, uma explosão num poço offshore em 1980, durante a qual mais de 200 000 barris de petróleo foram descarregados no Oceano Atlântico a partir de uma instalação da Texaco (HRW, 1999).

2.4.6. Elf Petroleum Nigeria Limited

A Elf perdeu pelo menos 100.000 barris de petróleo bruto por dia em 1999, na sequência de ataques às suas operações por parte de habitantes locais na zona de Obite e Obaji, no Delta do Níger.

2.5. Estrutura do petróleo bruto.

Petróleo bruto O petróleo é o petróleo não processado que se encontra nas profundezas da superfície da terra. A sua cor pode variar entre o transparente e o preto e pode encontrar-se sob a forma líquida ou sólida. O petróleo bruto é definido por Ryder, 2005, como "uma mistura de hidrocarbonetos que existia na fase líquida em reservatórios naturais subterrâneos e que permanece líquida à pressão atmosférica depois de passar por instalações de separação à superfície". As propriedades gerais dos petróleos brutos dependem da sua composição química e estrutura. Em geral, todos os petróleos brutos são constituídos por compostos de hidrocarbonetos e os principais hidrocarbonetos encontrados no petróleo bruto são os alifáticos, os alicíclicos e os hidrocarbonetos aromáticos policíclicos (HAP).

Figura 2. Estrutura do naftaleno

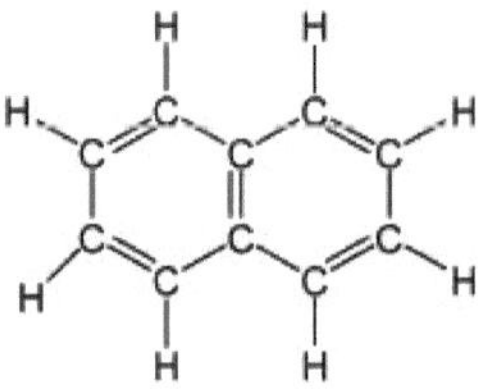

Fonte: Ryder, 2005

Estes compostos de carbono aromático encontrados nos petróleos brutos podem variar desde estruturas simples como o naftalteno até estruturas complexas como o asfalteno._(Ver Figuras 2 e 3.)

Figura 3. Estrutura do asfalteno

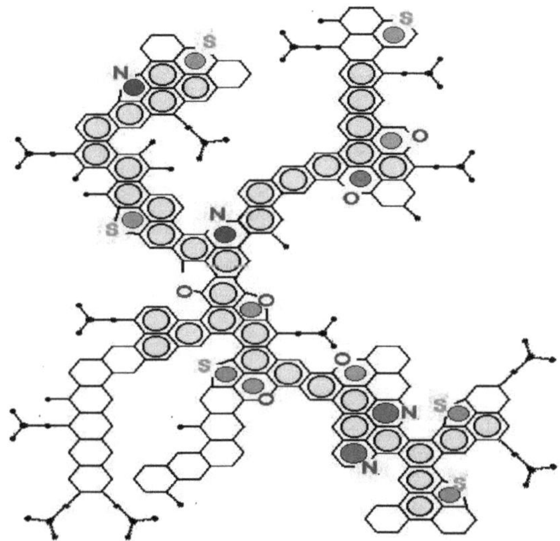

Fonte: Ryder, 2005

2.5.1. Composição do petróleo bruto nigeriano.

Estudos demonstraram que a composição do petróleo bruto varia muito de uma fonte para outra; o petróleo bruto do Médio Oriente contém uma maior proporção de hidrocarbonetos de cadeia linear, enquanto o petróleo bruto nigeriano é predominantemente hidrocarbonetos cíclicos e aromáticos. Outros estudos efectuados por Eyong *et al., 2004,* mostram que a composição e as propriedades físicas do petróleo bruto nigeriano são as seguintes na Tabela 1 abaixo.

Tabela 1. Composição e propriedades físicas do petróleo bruto leve Bonny da Nigéria

S/N	Propriedade do petróleo bruto nigeriano	Conteúdo
1	Gravidade do Instituto Americano do Petróleo (API)	33.50
2	Enxofre (% em peso)	0.14
3	Azoto (% em peso)	0.23
4	Níquel (mg/kg)	5.40
5	Vanádio (mg/kg)	1.90
6	Nafta (% em peso)	21.50
7	Alcenos	11.70
8	Cicloalcanos	6.70
9	Hidrocarbonetos aromáticos	3.10

10	Fração de ebulição elevada (% em peso)	73.80
11	Saturados	33.00
12	n-alcanos	4.60
13	Isoalcanos	12.50
14	Hidrocarbonetos aromáticos	23.70
15	Materiais polares (% em peso)	0.40
16	Materiais insolúveis (% em peso)	2.50

Fonte: Departamento de Recursos Petrolíferos, NNPC, Lagos, Nigéria in: Eyong *et al.*, 2004.

As principais propriedades físicas que afectam o comportamento e a persistência de um derrame de petróleo no mar são a gravidade específica, as caraterísticas de destilação, a viscosidade e o ponto de fluidez, que dependem da composição química do petróleo bruto (ou seja, a quantidade de asfaltenos, resinas e ceras). A escala do American Petroleum Institute (API) é normalmente utilizada para descrever a gravidade específica dos petróleos brutos e dos produtos petrolíferos. As caraterísticas de destilação do petróleo descrevem a sua volatilidade, sendo expressas como as proporções do óleo de base que destilam em determinados intervalos de temperatura. A viscosidade do óleo é a sua resistência ao fluxo; os óleos de alta viscosidade não fluem facilmente como os de menor viscosidade. Todos os óleos se tornam viscosos à medida que a sua temperatura desce. O ponto de fluidez é a temperatura abaixo da qual o óleo não flui e é função do teor de cera e de asfalteno do óleo. O quadro 2 apresenta as relações temperatura-viscosidade de três petróleos brutos.

Tabela 2. Caraterísticas físicas de três petróleos brutos típicos

S/N	**Caraterísticas**	**Arabian Super Light**	**Luz de Bonny**	**Merey**
1	Origem	Arábia Saudita	Nigéria	Venezuela
2	Gravidade API	48.5	34.6	15.7
3	SG a 15 C°	0.79	0.85	0.96
4	Teor de cera	12%	13%	10%
5	Asfaltenos	7%	Não há dados	9%
6	Ponto de fluidez	-29 C°	12 C°	-18 C°

Fonte: ITOPF- Destino dos derrames de hidrocarbonetos marinhos

2.5.2. Destino do petróleo bruto na água.

Quando ocorre um derrame de petróleo bruto na água, uma série de processos físico-químicos regem a distribuição e o destino do petróleo imediatamente após a descarga (Samiullah, 1985). O petróleo evapora-se imediatamente e espalha-se na superfície da água, o que é favorecido pela temperatura elevada da água e pelo mar agitado (McAuliffe, 1977). Os hidrocarbonetos presentes na água fragmentam-se normalmente e são dissipados no meio marinho ao longo do tempo, em resultado de uma série de processos físicos e químicos que alteram os compostos que os constituem.

Os factores químicos e fotoquímicos, como a oxidação, a fotólise e a polimerização, são importantes nas primeiras semanas de derrame de petróleo. A forma física do óleo influencia a taxa de oxidação, determinando o grau de exposição da massa de óleo ao ar e à luz. A taxa de oxidação fotoquímica é maior para películas finas de óleo (OCIMF/IPIECA, 1980).

O componente mais volátil do óleo evapora-se na atmosfera. A taxa de evaporação dependerá da temperatura ambiente e da velocidade do vento. Quanto maior for a proporção de componentes do óleo com pontos de ebulição baixos, maior será o grau de evaporação. Quanto maior for a área de superfície, mais rapidamente se evaporam os componentes leves. O mar agitado, a velocidade elevada do vento e a temperatura quente também aumentam a taxa de evaporação.

A dispersão de hidrocarbonetos ocorre quando as ondas e a turbulência à superfície do mar fazem com que a totalidade ou parte de uma maré negra se divida em gotículas. As gotículas mais pequenas podem permanecer em suspensão, enquanto as maiores sobem de novo à superfície e fundem-se com outras. A taxa de dispersão depende em grande medida da natureza do óleo e do estado do mar, ocorrendo mais rapidamente com óleos de baixa viscosidade na presença de ondas quebradiças.

A taxa de dissolução depende da composição do petróleo, do espalhamento e da temperatura da água, da turbulência e do grau de dispersão. Os petróleos brutos pesados são praticamente insolúveis em água, enquanto os petróleos brutos mais leves da Nigéria, nomeadamente os hidrocarbonetos aromáticos, são ligeiramente solúveis.

A emulsificação ocorre em mares moderados ou agitados, onde o óleo absorve gotículas de água para formar emulsões de água em óleo. Este processo aumenta o volume do óleo. O óleo muito viscoso tende a absorver a água mais lentamente do que o óleo mais líquido. À medida que a quantidade de água absorvida aumenta, a densidade da emulsão aproxima-se da densidade da água do mar e é frequentemente semi-sólida. São altamente persistentes e podem permanecer emulsionados de forma persistente. A formação de emulsões de água em óleo acaba por reduzir a taxa de outros processos de meteorização e é a principal razão para a persistência de petróleos brutos leves e médios na superfície do mar.

2.6. Toxicidade dos resíduos de petróleo bruto na água.

A procura crescente da utilização de petróleo bruto resultou num aumento dos níveis de hidrocarbonetos totais de petróleo no ambiente marinho, costeiro e estuarino (Long e Holdway, 2002) devido a derrames de petróleo. Alguns produtos químicos que podem ser encontrados nos hidrocarbonetos totais de petróleo são o hexano, o benzeno, o tolueno, o xileno, o naftaleno e o flúor (ATSDR, 1999). Com base nas informações disponíveis sobre a química e a toxicologia, os hidrocarbonetos petrolíferos, os combustíveis e o petróleo são constituídos principalmente por compostos de hidrocarbonetos alifáticos e aromáticos.

A toxicidade dos produtos petrolíferos aumenta à medida que o peso molecular do composto diminui. O efeito dos hidrocarbonetos de petróleo no ambiente marinho pode ser agudo ou crónico. A toxicidade aguda é definida como o efeito imediato a curto prazo de uma única exposição a um tóxico, enquanto a toxicidade crónica é definida como os efeitos de uma exposição contínua e a longo prazo a um tóxico (Connell e Miller, 1984). A toxicidade aguda dos hidrocarbonetos de petróleo para os organismos marinhos depende de

- Concentração de hidrocarbonetos de petróleo e duração da exposição.
- Persistência e biodisponibilidade de hidrocarbonetos específicos.
- A capacidade dos organismos para acumularem e metabolizarem vários hidrocarbonetos.
- O destino dos produtos metabolizados

- A interferência de hidrocarbonetos específicos em processos normais que podem alterar as hipóteses de sobrevivência e reprodução de um organismo no ambiente (Capuzzo, 1987).

2.7. Os impactos na saúde dos derrames de petróleo bruto na água.

A poluição por petróleo é a causa mais importante da poluição da água no Delta do Níger (Adedeji e Ako, 2009). A parte mais afetada da região são as massas de água ribeirinhas porque são influenciadas por actividades a montante onde se realizam actividades de exploração e produção de petróleo bruto. As massas de água poluídas são afectadas tanto em termos de quantidade como de qualidade da água e não são próprias para consumo humano (Salami, 1998). Os derrames de petróleo têm um grande impacto na saúde da flora e da fauna do meio ambiente (Nwilo e Badejo, 2001). O Delta do Níger contém uma das maiores concentrações de flora, fauna e espécies de peixes de água doce do que qualquer outro ecossistema da África Ocidental, o que torna estes impactos ainda mais pronunciados.

Apesar dos benefícios que o petróleo proporciona à sociedade humana, as suas fases de produção podem ter um efeito nocivo na saúde e no ambiente (Epstein e Selber, 2002). Os derrames de petróleo podem resultar na destruição das comunidades marinhas terrestres e costeiras, na contaminação das águas subterrâneas, na morte da vegetação e na perturbação da cadeia alimentar. A investigação demonstrou que a bioacumulação de petróleo e outros produtos em mamíferos e peixes consumidos pelos seres humanos é preocupante devido ao mercúrio e aos hidrocarbonetos que podem causar defeitos congénitos e problemas cardíacos. Além disso, os seres humanos podem ser afectados pelos derrames de petróleo devido aos danos causados às plantas e animais circundantes e talvez por contaminação direta (Campbell *et. al.*, 1993).

A ingestão humana de óleo afecta principalmente o sistema nervoso central (Weaver, 1988; Reese e Kimbrough, 1993). Os sintomas exibidos são semelhantes aos da intoxicação por etanol, incluindo rubor, ataxia, cambaleante, fala arrastada, confusão, visão turva e dor de cabeça. A ingestão de doses elevadas pode resultar em coma e morte (Reese e Kimbrough, 1993). A inalação do óleo resulta frequentemente em inalação e pode ser acompanhada de confusão, alucinação ou psicose (Maruff *et. al.*, 1998; Burbacher, 1993). Outros estudos mostram que o contacto prolongado com o óleo na pele pode resultar em queimaduras químicas (Weaver, 1988).

2.8. Os impactos económicos dos derrames de petróleo nas águas do Delta do Níger.

A degradação ambiental do delta do Níger, rico em petróleo, tem sido gratuita e contínua, com consequências económicas terríveis para a sua população durante mais de cinco décadas (Inoni *et al.,* 2006). O impacto económico notório dos derrames de petróleo é a perda de biodiversidade. Por exemplo, o valor económico das florestas de mangais sofre erosão. As florestas de mangais são importantes para o sustento das comunidades locais devido às suas funções ecológicas e aos muitos recursos essenciais que fornecem, incluindo a estabilidade do solo, medicamentos e pescas saudáveis. Estima-se que as florestas de mangais no Delta do Níger cubram aproximadamente 5.000 a 8.580 quilómetros quadrados de terra e água (Nwilo e Badejo, 2001).

O rio Delta do Níger é um ecossistema importante e alberga 36 famílias e cerca de 250 espécies de peixes, das quais 20 são endémicas (WWF, 2006). Os derrames de petróleo na água podem destruir a aquacultura de água doce através da contaminação das águas subterrâneas. O consumo de oxigénio dissolvido pelas bactérias que se alimentam dos hidrocarbonetos derramados também contribui para a morte dos peixes por anoxia. De acordo com a NDHDR (2006), as comunidades piscatórias, que são a principal ocupação da região, sofrem em consequência dos derrames de petróleo. A pesca tornou-se menos produtiva e rentável, com capturas reduzidas e rendimentos mais baixos, uma vez que muitos pântanos, rios e riachos onde os peixes desovam foram destruídos ou poluídos por derrames de petróleo.

Outra perda económica na região é a substituição dos oleodutos danificados durante o abastecimento ilegal de combustível, estimado em mais de 600 000 barris por sabotadores e pirataria (Manby, 1999).

2.9. Agitação social e conflito no Delta do Níger: Uma das causas dos derrames de petróleo.

O conflito na região do Delta do Níger começou em 1996, segundo Ejibuna, 2007, quando o falecido Issac Adaka Boro liderou uma rebelião contra o Governo Federal da Nigéria. A rebelião foi esmagada, mas trouxe consciência ao povo e ressurgiu em grande escala no final dos anos 90, especialmente durante o regime do falecido General Abacha, que matou um famoso dramaturgo, Ken Saro-Wiwa, por exigir o controlo pacífico dos recursos e melhores condições para a região. O conflito que envolveu a região levou a uma série de actos de vandalismo em grande escala e à interrupção das actividades da indústria petrolífera. Este facto contribuiu para derrames maciços de petróleo na região.

Os vários factores que podem ser atribuídos à violência na região são os seguintes:

a. **Pobreza/privação dos meios de subsistência** - apesar das enormes receitas da região nos últimos 50 anos, a população local continua na pobreza, na privação e na marginalização económica. De acordo com o relatório do International Crisis Group (2006), a Nigéria obteve mais de 600 mil milhões de dólares em receitas petrolíferas desde o início dos anos 70. De acordo com Mukagbo, 2004, da Cable News Network (CNN), apresentador do programa Inside Africa, "o Delta do Níger é uma região onde o tempo parece ter parado e onde as pessoas vivem uma existência muito pobre, deixando-as amargas e zangadas por não terem beneficiado do ouro negro que faz da Nigéria o maior produtor de África".

b. **Estrutural/Deficiência da Federação da Nigéria** - distorção no que respeita ao controlo dos recursos, aos direitos de cidadania, à degradação ambiental e aos direitos minerais detidos pelo governo federal.

c. **Degradação ambiental** - a destruição é causada por derrames de petróleo provocados pelas companhias petrolíferas e por ataques violentos dos indígenas através de vandalização, de carregadores ilegais de petróleo, de rebentamento acidental de oleodutos.

d. **Falta de desenvolvimento e desemprego** - a região está subdesenvolvida em todas as suas ramificações; não há estradas, nem eletricidade, nem água corrente, nem telefone. Os jovens são os mais afectados, o que os leva a recorrer à militância num esforço para chamar a atenção das preocupações nacionais e internacionais.
e. **Violação dos direitos humanos** - é citada como uma das razões para a militância na região. As companhias petrolíferas utilizam as forças de segurança para intimidar as comunidades locais, numa tentativa de silenciar as suas reivindicações genuínas (Manby, 1999).

2.10. Várias técnicas de remediação para a remoção de poluentes do petróleo bruto na água.

Na Nigéria, são atualmente utilizados métodos físicos, biológicos e químicos para minimizar os efeitos dos derrames de petróleo (Abu e Ogiji, 1996). Estes métodos são considerados extremamente ineficazes e inadequados e podem resultar numa maior contaminação do ambiente (Steven, 1991). Um dos métodos é o processo natural de degradação do petróleo, que é limitado pela temperatura, pelo pH e pela escassez de nutrientes como o azoto, o fósforo e o oxigénio (Ladousse e Tramier, 1991; Leahy e Colwell, 1990).

A biorremediação, um processo em que as capacidades biodegradativas naturais são reforçadas pela adição de nutrientes e/ou microrganismos culturais, é a tecnologia mais promissora atualmente em uso (Abu e Ogiji, 1996). A biorremediação envolve a utilização de microrganismos para tratar a água contaminada numa abordagem amiga do ambiente. Os microrganismos são utilizados em vários métodos para descontaminar áreas poluídas e estimular o ambiente. A remediação microbiana implica a atenuação natural, a bioestimulação e a bioaumentação. Todos estes processos dependem da capacidade dos microrganismos para decompor as moléculas complexas de produtos químicos presentes nos derrames de petróleo perigosos.

A bioremediação tem três classificações básicas: biotransformação, biodegradação e mineralização, que podem ocorrer *in-situ ou ex-situ* (Iwamoto e Nasu, 2001). A bioestimulação é a adição de nutrientes, oxigénio ou dadores e aceitadores de electrões ao local, a fim de aumentar a população microbiana

(Venosa *et al.*, 1996; Salanitro *et al.*, 1997), enquanto a bioaumentação é a adição de microrganismos que podem biotransformar ou biodegradar os contaminantes (Al-Awadhi *et al.*, 1996; Van-Limbergen *et al.*, 1998). De acordo com Olaniran *et al.*, 2006, muitos destes métodos mostram que estes sistemas não são tão eficientes como se esperava.

Um estudo de caso efectuado em Ogbogu, localizado numa das maiores regiões produtoras de petróleo da Nigéria, em 2000, utilizou duas espécies de plantas para limpar derrames de petróleo, de acordo com Limson, 2002. A primeira fase da limpeza envolveu *Hibiscus cannabinus,* uma espécie de planta originária da África Ocidental, onde a Nigéria é um dos países da região. *O H. cannabinus* tem uma elevada taxa de absorção e pode ser colocado em cima da água para absorver o óleo. O material vegetal saturado de petróleo é depois retirado e enviado para um local seguro onde os hidrocarbonetos podem ser decompostos e desintoxicados por microorganismos. A segunda planta utilizada no estudo de caso é conhecida como *Vetiveria zizanioides,* uma espécie de erva perene. *A V. zizanioides* tem uma rede de raízes profundas que pode tolerar produtos químicos nas águas subterrâneas. Estes métodos provaram ser uma forma eficaz de implementar uma ação corretiva menos complexa (Limson, 2002).

CAPÍTULO TRÊS: METODOLOGIA DE INVESTIGAÇÃO

Este projeto envolverá uma abordagem documental com uma forte dependência de informações secundárias provenientes de literatura cinzenta e revista pelos pares, de bases de dados baseadas na Web, publicadas e não publicadas. Este projeto será levado a cabo para resolver questões específicas e práticas; para a formulação de políticas, administração e compreensão da causa da poluição por hidrocarbonetos e dos obstáculos aos esforços de remediação do passado. O processo que adoptarei para encontrar respostas para a minha questão de investigação consistirá em identificar os pontos quentes de derrames de petróleo na região e propor uma técnica de limpeza baseada nos elementos ambientais da área.

As empresas comuns que operam na Nigéria serão de grande importância para o projeto. As informações nos seus sítios Web permitirão uma articulação das tentativas passadas, presentes e futuras de remediar, reduzir ou erradicar os derrames de petróleo nas massas de água do Delta do Níger. Os boletins internacionais, tais como os boletins anuais da OPEP e os relatórios anuais da NNPC, ajudarão a rever os dados secundários para análise utilizando os modelos PEST e SWOT.

3.1. Extensão do derrame de petróleo no Delta do Níger

Para compreender a extensão dos derrames de petróleo na Nigéria, é imperativo compreender a ecologia da região, a hidrologia das massas de água, bem como a demografia da região

A hidrologia do Delta do Níger é dominada por três tipos de fluxos de água; um fluxo unidirecional na parte superior do Delta do Níger; um fluxo bidirecional na zona costeira e estuários e um fluxo misto em que os atributos unidireccionais e bidireccionais são combinados na zona de transição. A hidrologia do Delta do Níger é a maior zona húmida do mundo, com os pântanos, riachos, afluentes e lagoas que drenam o rio Níger para o Oceano Atlântico na Baía de Biafra. O fluxo da água influencia a salinidade, o pH e a temperatura da água. Estes elementos determinarão o método das técnicas de remediação para a remoção dos poluentes do petróleo bruto na água do Delta do Níger.

Figura 4. Zonação ecológica do Delta do Níger com base no tipo de vegetação.

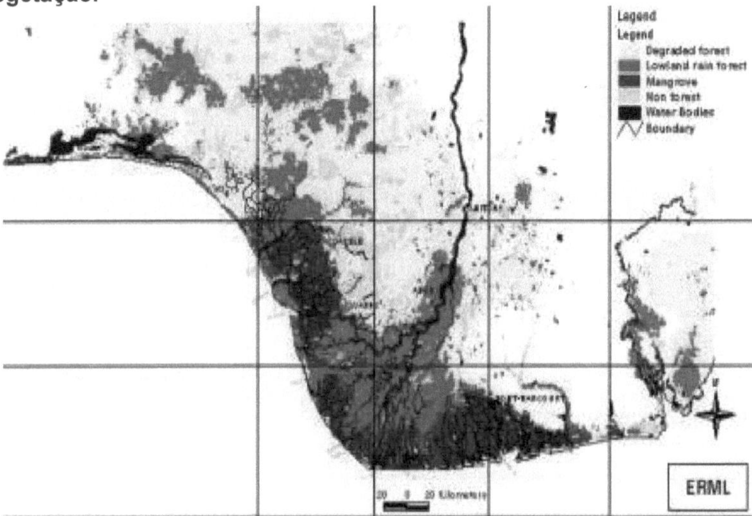

Fonte: ERML

A ecologia da região é a mais frágil floresta de mangue do mundo. A biodiversidade da região é muito elevada e contém diversas espécies vegetais e animais. A ecologia do Delta do Níger é um ambiente facilmente desequilibrado, com grande escassez de terras aráveis e de água doce.

De acordo com os dados do censo de 2006, a região com nove estados tem uma população de 31.274.577. Dos nove estados, o número de condutas, como se pode ver na figura 5 abaixo, é dominante em Akwa Ibom, Bayelsa, Delta e Rivers, com uma população total de 14 907 357.

Figura 5. Um mapa que mostra os campos de petróleo e os oleodutos no Delta do Níger

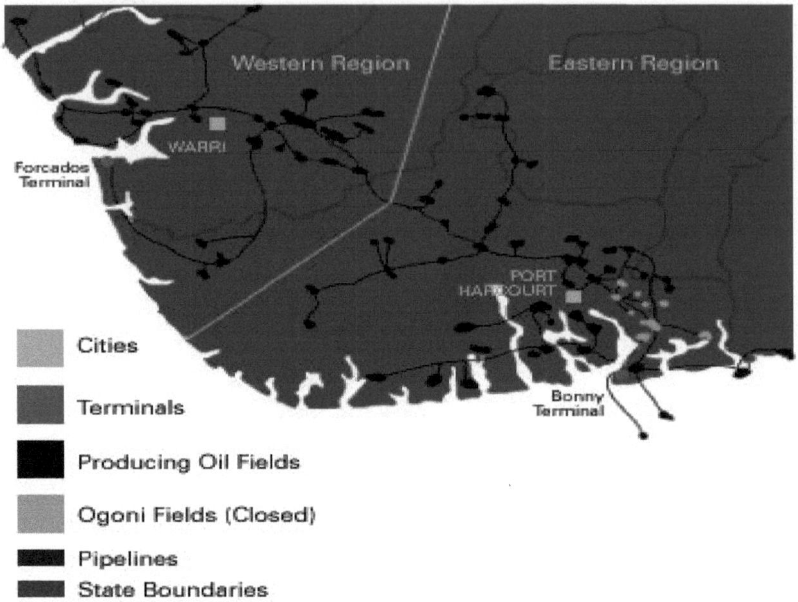

Fonte: Sociedade Histórica Urhobo

3.2. Obstáculos à reparação de danos no passado

A fim de identificar os obstáculos aos processos de reparação do passado na região do Delta do Níger, serão destacados factores políticos e procurar-se-á saber se a legislação atual sobre questões ecológicas/ambientais é suficiente para erradicar ou limitar os fracassos da reparação do passado. Outro fator que pode ajudar a identificar a barreira é se a atual tributação das empresas petrolíferas é um impedimento aos derrames de petróleo. Estarão elas a competir em termos de tecnologias e de financiamento para a investigação de novos métodos de resposta a derrames de petróleo?

3.3. Comparação dos métodos de correção

A fim de restaurar o ambiente em torno do Delta do Níger com a melhor técnica ambiental durante os derrames de petróleo, uma comparação dos métodos de remediação empregues em todo o mundo com caraterísticas de petróleo bruto semelhantes às do Delta do Níger será vital para uma resposta bem sucedida aos derrames de petróleo. A ecologia, a estrutura do petróleo, o tipo de petróleo e a composição química do petróleo em relação à sua toxicidade serão analisados para sugerir o(s) melhor(es) método(s) de remediação.

3.4. Recomendação da estratégia de remediação mais eficaz para os derrames de petróleo no Delta do Níger.

A ferramenta de análise PEST e SWOT foi utilizada para recomendar a tecnologia de limpeza mais eficaz para a região no que respeita à poluição por petróleo na água, tendo em devida consideração os factores sociais, ambientais e políticos. Cada uma das técnicas será pontuada com base em determinados parâmetros, tais como os pontos fortes de cada técnica, os pontos fracos de cada uma, as oportunidades e as ameaças para o ambiente de cada técnica.

A ferramenta de análise PEST e SWOT será utilizada para avaliar a adequação de vários métodos de descontaminação de hidrocarbonetos no contexto do Delta do Níger. A abordagem deste livro basear-se-á fortemente no modelo de análise das ferramentas PEST e SWOT. A análise da ferramenta PEST é uma ferramenta útil que ajuda a compreender as barreiras extrínsecas, ou seja, externas, e intrínsecas, ou seja, internas ou específicas da tecnologia da tendência de qualquer evento, como a reparação de derrames de petróleo. PEST é um acrónimo de factores políticos, económicos, sociais e tecnológicos que será utilizado para avaliar as barreiras identificadas ou o progresso da recuperação de derrames de petróleo na água. Ajudará a rever a situação e também a estratégia utilizada no passado. Com as ferramentas de análise PEST, ajudará o autor a determinar se factores como a ecologia, a legislação e as políticas governamentais influenciaram a escolha do método de remediação utilizado no passado. A análise será então pontuada em cada uma das secções política, económica, social e tecnológica, o que estabelecerá um ponto de referência bom ou mau para a tomada de decisão. A pontuação, particularmente neste caso, será benéfica, uma vez que mais do que um método será analisado utilizando os mesmos critérios para identificar qual a abordagem com maior potencial no processo de remediação.

A segunda abordagem complementar será a utilização da ferramenta de análise SWOT. SWOT é um acrónimo de Strength, Weaknesses. Oportunidades e Ameaças, que serão utilizadas para informar a melhor escolha da(s) técnica(s) ambiental(ais) a adotar para a remoção de derrames de petróleo na água do Delta do Níger. As rubricas da análise SWOT fornecerão um bom quadro para rever a estratégia, a posição e a direção a tomar nas sugestões sobre a forma de limitar ou erradicar os factores que causam derrames de petróleo na água do Delta do Níger. Os pontos fortes e fracos serão considerados como o fator interno, ou seja, factores relacionados com as vantagens da proposta, as capacidades e quaisquer vantagens competitivas disponíveis. No fator dos pontos fracos, a desvantagem da proposta, as lacunas nas capacidades e a falta de força competitiva serão utilizadas para informar a escolha da técnica ambiental. A outra matriz será a das oportunidades externas disponíveis para fazer melhor uso do método de remediação, que será considerado como fator externo, ou seja, factores relacionados com o desenvolvimento tecnológico e as inovações, etc. Os elementos externos no ambiente que podem causar problemas identificados ajudarão a tomar uma decisão com base nos efeitos políticos, legislativos, ambientais e climáticos de cada escolha da técnica.

CAPÍTULO QUATRO: RESULTADOS

4.1. Introdução

Esta etapa do livro consiste em compreender os dados secundários recolhidos e dizer o que significam. O ponto de partida foi reunir a informação contida nos dados sob a forma de um quadro. Para uma compreensão aprofundada e uma interpretação rápida dos dados secundários, foi utilizado um tipo de resultado quantitativo que inclui todos os tipos de informação estatística, testes e gráficos.

4.2. Produção de petróleo bruto por empresas na Nigéria de 1999 a 2010.

A partir da Figura 6 e da Tabela 3 abaixo, é fácil ver a tendência da produção de petróleo bruto por empresas petrolíferas individuais. A Shell registou a maior produção de petróleo bruto em 2004, com uma produção de 364 136 000 barris entre 1999 e 2010, tendo caído drasticamente em 2009, com uma produção de 105 274 000 barris. Outras empresas petrolíferas da Joint Venture tiveram o mesmo resultado que a Shell, mas as empresas petrolíferas de Risco Único/Independentes tiveram um crescimento constante na produção de petróleo bruto de 2002 a 2010.

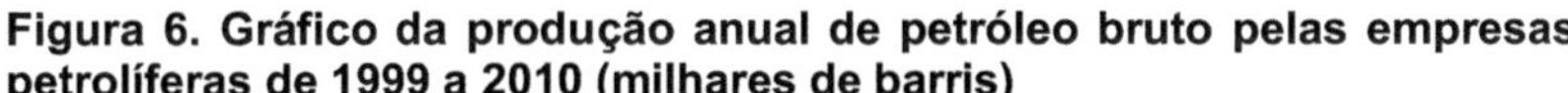

Figura 6. Gráfico da produção anual de petróleo bruto pelas empresas petrolíferas de 1999 a 2010 (milhares de barris)

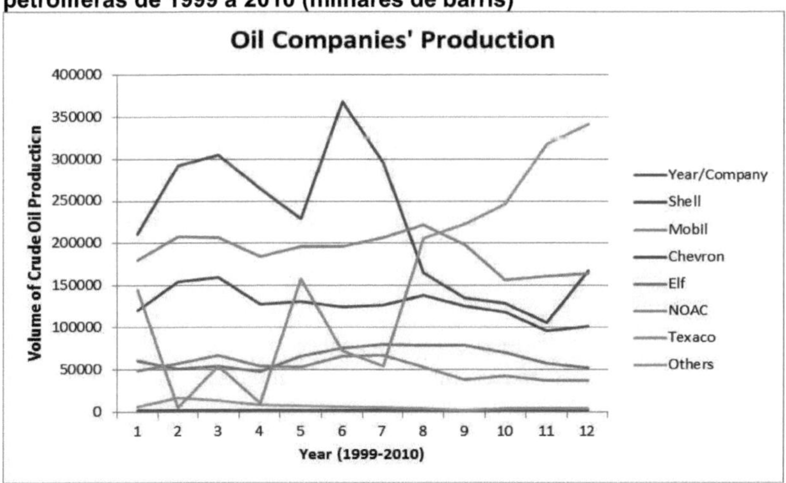

Fonte: NNPC (Adaptado)

A produção anual de petróleo bruto na Nigéria pelas empresas Joint Venture e Sole Risk/Independent de 1999 a 2010 não tem sido muito constante. Com base no Quadro 5 e na Figura 7, a produção de petróleo bruto foi mais elevada em 2004, com um volume de produção de 911 044 000 barris, e a produção de petróleo bruto mais baixa, de 699 726 000 barris, registou-se em 2002. Neste período, a produção diária de petróleo bruto da Nigéria foi de 2.489.000 barris registada em 2004 e a produção diária mais baixa de 1.917.000 barris foi registada no ano de 2002. Relativamente à produção total de petróleo bruto, continuou a diminuir de 2004 a 2009 e aumentou marginalmente em 2010.

Figura 7. Produção anual total de petróleo bruto na Nigéria de 1999 a 2010 (em milhares de barris)

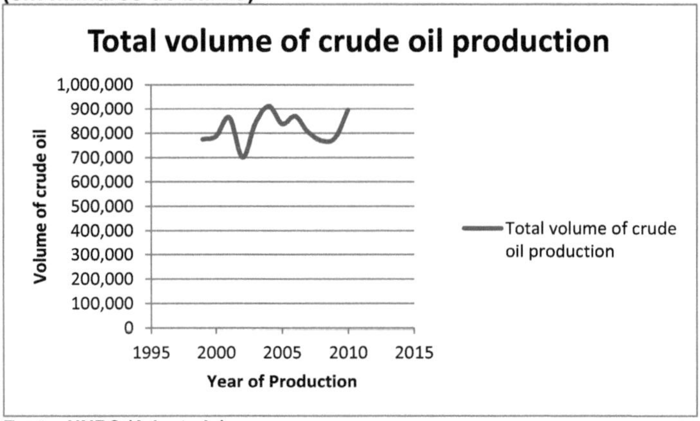

Fonte: NNPC (Adaptado)

4.3. Incidências de pipelines na Nigéria de 1999 a 2010.

A tendência das incidências de condutas, tal como se pode ver na Figura 8 e no Quadro 6, apresenta em pormenor o número de vandalizações e rupturas de condutas nas cinco zonas de Port Harcourt, Warri, Mosimi, Kaduna e Gombe. O número total de incidentes com condutas na Nigéria foi de 19.438. O incidente mais elevado de vandalização foi registado em 2006, enquanto o caso mais baixo foi registado em 2001, enquanto no caso de rutura de condutas, o caso mais elevado registado foi em 2000, enquanto o mais baixo foi registado em 2006.

Figura 8. Gráfico que mostra as tendências das incidências de vandalização e rutura de condutas na Nigéria de 1999 a 2010

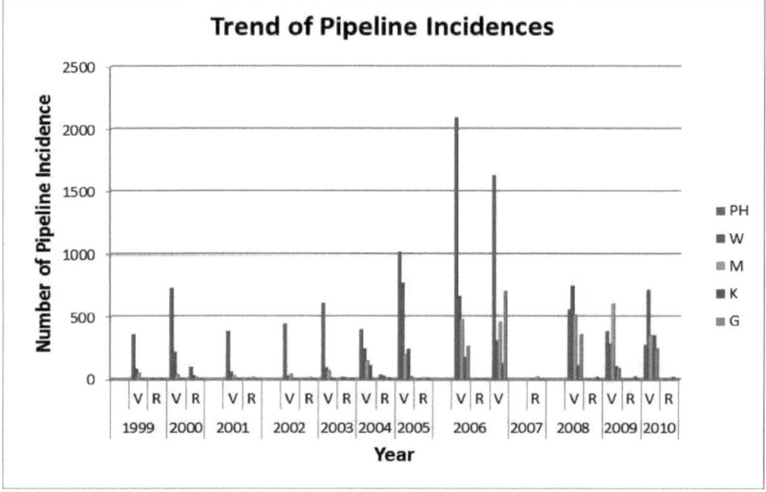

Fonte: NNPC (Adaptado)

O número total de actos de vandalismo nas condutas registados entre 1999 e 2010 foi de 18 952 incidências. Deste número de incidências, como se pode ver na Figura 9 e no Quadro 7, Port Harcourt, que alberga duas refinarias instaladas, registou 8 866 incidências, seguido de Warri, com uma refinaria instalada, que registou 4 184 incidências. Mosimi, que é um dos principais terminais de exportação de petróleo bruto, registou 2 977 casos de vandalização. Kaduna e Gombe registaram 1 240 e 1 685 casos, respetivamente, de 1999 a 2010.

Figura 9. Gráfico de Pizza mostrando o número de ocorrências de vandalização de oleodutos em áreas de instalações petrolíferas de 1999 a 2010

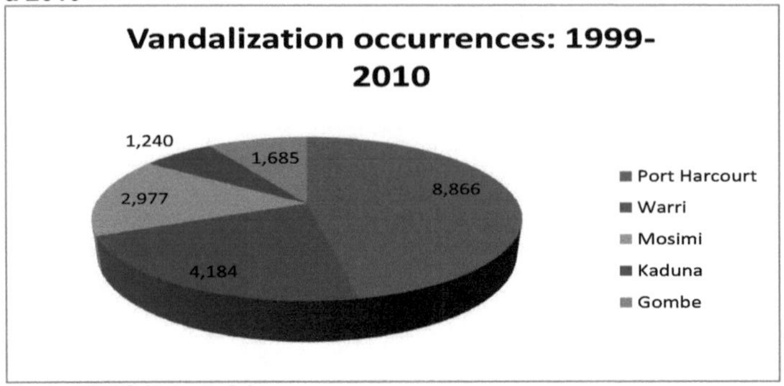

Fonte: NNPC (Adaptado)

Relativamente ao número de incidências de rutura ocorridas em zonas de instalações petrolíferas, Port Harcourt registou o maior número de casos de rutura de oleodutos entre 1999 e 2010, com um total de 152, enquanto a zona de Gombe registou o menor número de incidências de rutura, com 9. A zona de Mosimi registou o segundo maior número de casos de rutura, com um total de 146 (ver Figura 10 e Quadro 8 abaixo).

Figura 10. Gráfico do número de rupturas de condutas em zonas de instalações petrolíferas entre 1999 e 2010

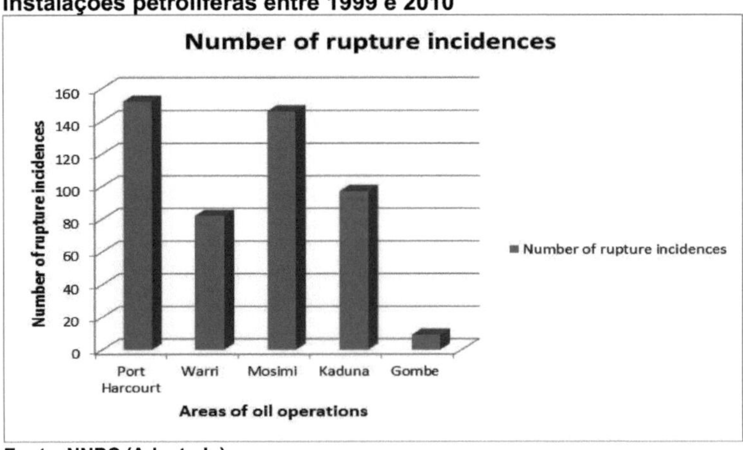

Fonte: NNPC (Adaptado)

4.4. Perda de produtos petrolíferos em oleodutos na Nigéria de 1999 a 2010.

Os incidentes com oleodutos na Nigéria resultaram na perda de volumes de produtos petrolíferos. De 1999 a 2010, perdeu-se um volume total de 3.792.560 MT de produtos petrolíferos. Deste número, a área de Port Harcourt perdeu 2 010 020 MT, seguida de Mosimi, Warri, Kaduna e Gombe, com perdas de 1 243 870, 458 680, 44 780 e 35 210 MT de produtos petrolíferos. (Ver Figura 11 e Tabela 9 abaixo)

Figura 11. Gráfico que mostra o volume de perda de produtos petrolíferos devido a incidentes com oleodutos em áreas de instalações petrolíferas de 1999 a 2010 (MT)

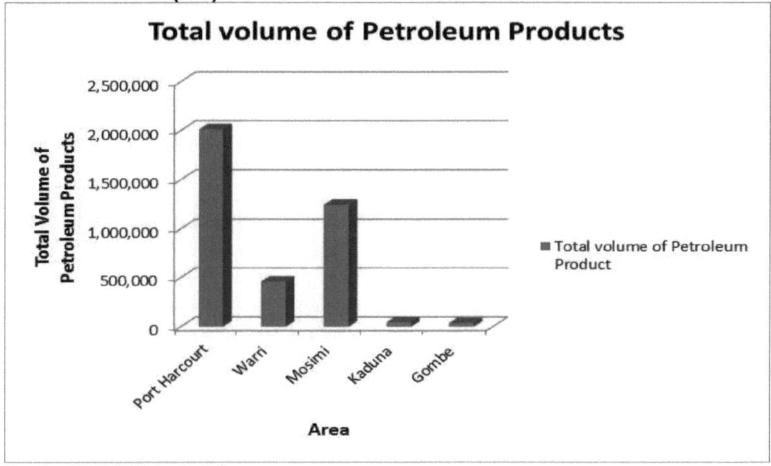

Fonte: NNPC (Adaptado)

Como resultado das actividades de vandalização e rutura de oleodutos, a perda de produtos petrolíferos ocorreu mais em 2005, com uma perda total de 661.820 MT, e em 2009 registou-se a menor perda de produtos petrolíferos, com 110.380 MT (ver Figura 12 abaixo e Tabela 9 abaixo). O volume de perda de produtos petrolíferos aumentou de 1999 a 2005 e diminuiu até 2009, com uma perda total de 110.380 MT, aumentando depois em 2010 com uma perda de 194.430 MT.

Figura 12. Gráfico que mostra a perda anual total de produtos petrolíferos na Nigéria de 1999 a 2010 (MT)

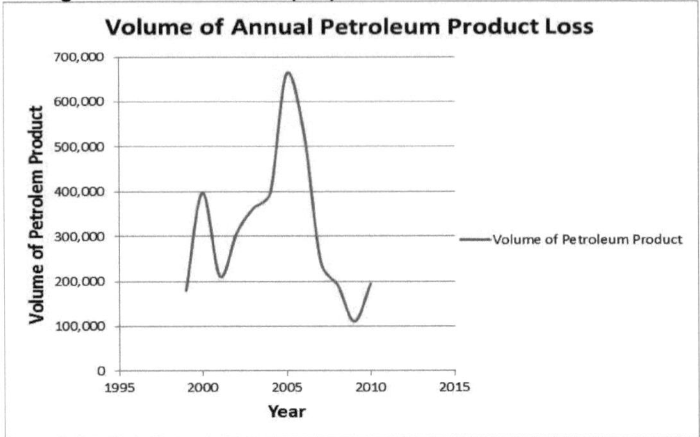

Fonte: NNPC (Adaptado)

A partir da Figura 13 e do Quadro 9 abaixo, é fácil ver a perda de receitas na Nigéria devido às actividades de incidências de oleodutos. O país registou a maior perda de receitas, no valor de N41,62 mil milhões, em 2005, enquanto a perda mais baixa foi de N3,158 mil milhões, em 1999.

Figura 13. Gráfico que mostra o valor da perda de produtos petrolíferos devido a vandalização e rutura de oleodutos na Nigéria de 1999 a 2010 (N mil milhões)

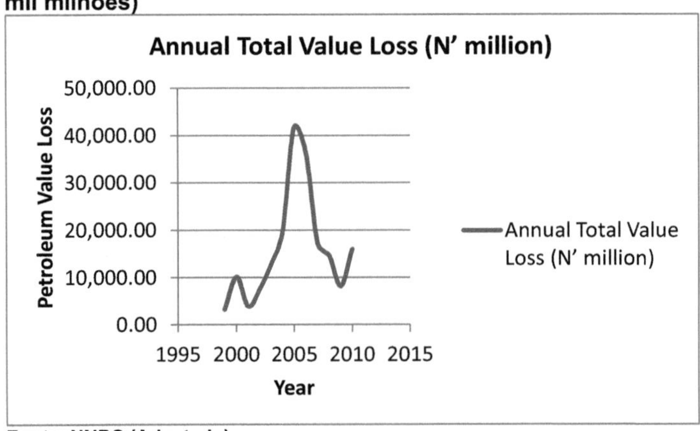

Fonte: NNPC (Adaptado)

A zona de Port Harcourt registou a maior perda de receitas, no valor de N91,265 mil milhões, seguida de Mosimi, Warri, Kaduna e Gombe, com perdas de N70,726 mil milhões, N26,065 mil milhões, N2,10 mil milhões e N1,576 mil milhões, respetivamente (ver figura 14 e quadro 10 abaixo)

Figura 14. Gráfico que mostra o valor da perda de produtos petrolíferos devido a vandalização e rutura de oleodutos em áreas de instalações petrolíferas de 1999 a 2010 (N mil milhões)

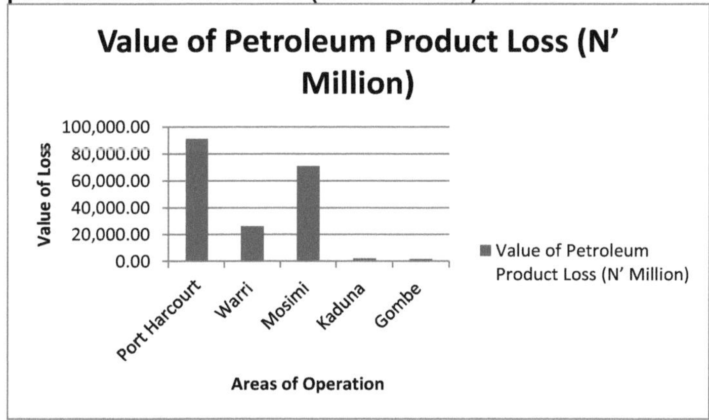

Fonte: NNPC (Adaptado)

4.5. Importações de produtos petrolíferos na Nigéria de 1999 a 2010

O país não tem conseguido satisfazer as necessidades de consumo de produtos petrolíferos há vários anos, especialmente entre 1999 e 2010. Esta situação não é alheia ao encerramento contínuo das refinarias devido às actividades no Delta do Níger. Para colmatar o défice, tem sido efectuada uma importação maciça até à data, com um total de 71.316.550 MT importadas. Deste total, o ano mais elevado registado foi 2000, com um total de importações de 7.252.478 MT, enquanto 1999 teve o valor mais baixo, de 2.624.204 MT (ver Figura 15 e Quadro 11 abaixo).

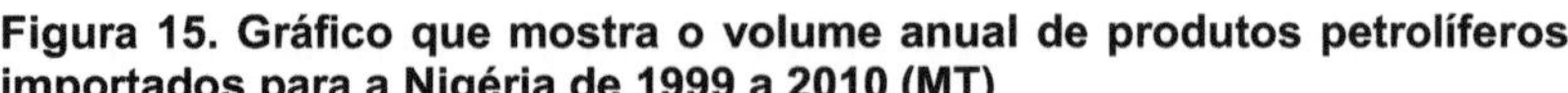

Figura 15. Gráfico que mostra o volume anual de produtos petrolíferos importados para a Nigéria de 1999 a 2010 (MT)

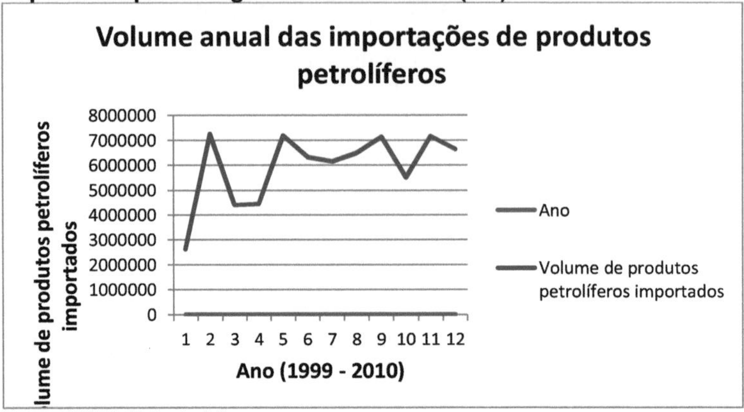

Fonte: NNPC (Adaptado)

Entre 2004 e 2010, a Nigéria importou um total de 45.575.751 toneladas de produtos petrolíferos no valor de mais de $32,1 mil milhões. Gastou mais em 2008, no valor de $5.66b, enquanto que o mínimo foi de $2.91b (Ver Figura 16 e Tabela 12 abaixo)

Figura 16. Gráfico que mostra o valor e o volume dos produtos petrolíferos importados para a Nigéria de 2004 a 2010 ($'000 milhões e MT)

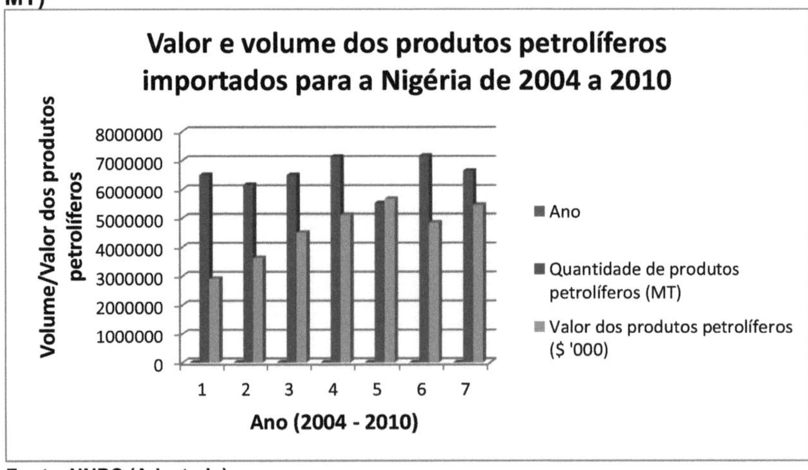

Fonte: NNPC (Adaptado)

4.6. Sugestões de técnicas ambientais para a remoção de poluentes petrolíferos na água

No decurso deste projeto, após uma compreensão cuidadosa da hidrologia, ecologia, tipo de petróleo bruto e suas caraterísticas, as seguintes técnicas de remediação podem ser utilizadas para a remoção de poluentes de petróleo bruto em massas de água do Delta do Níger, utilizando a análise PEST e SWOT que determina a eficácia de cada método.

1. Materiais sorventes

a). Política- Os materiais absorventes utilizados para recuperar o óleo devem ser eliminados de acordo com a legislação local, estadual e federal aprovada.

b). Económicos - Os adsorventes inorgânicos e orgânicos são baratos, acessíveis e facilmente disponíveis em grandes quantidades.

c). Social- Qualquer óleo que seja removido dos materiais absorventes deve ser corretamente eliminado ou reciclado. Muitos adsorventes orgânicos são partículas soltas, como a serradura, e são difíceis de recolher depois de serem espalhados na água.

d). Tecnológicas - As caraterísticas dos adsorventes e dos tipos de óleo devem ser tidas em conta na escolha dos adsorventes para a limpeza de derrames de óleo, bem como a taxa de absorção, a taxa de adsorção, a retenção de óleo e a facilidade de aplicação.

e). Pontos fortes - O petróleo bruto nigeriano é leve e volátil, pelo que se espalha rapidamente nos adsorventes. Penetra nos materiais absorventes e pode absorver até 70 vezes o seu peso de petróleo.

f). Pontos fracos - Alguns adsorventes orgânicos, como a turfa, o musgo, a palha e a serradura, tendem a absorver água e óleo, fazendo com que o adsorvente se afunde.

g). Ameaças - Os sorventes soltos, difíceis de recolher, podem ser nocivos para o ambiente, especialmente para a orla costeira. São perigosos quando inalados, especialmente em zonas ventosas.

2. Lanças e escumadeiras

a). Política - Esta técnica está em conformidade com as legislações federais.

b). Económico - Rentável, uma vez que se utiliza apenas o número de barreiras necessário para a dimensão dos derrames. As barreiras não são frequentemente substituíveis.

c). Social- Os booms e os skimmers são utilizados para reduzir a possibilidade de poluir as costas e outros recursos.

d). Tecnologia - Fabricado com enchimento de polipropileno

e). Pontos fortes - As barreiras e os skimmers estão disponíveis para utilização em águas abertas, portos, zonas de maré e rios com correntes fortes. Esta técnica pode ser utilizada na água sem necessidade de equipamento ou pessoal adicional.

f). Pontos fracos - Não é adequado para líquidos à base de água.

g). Ameaças - Uma única barreira não é eficaz na proteção dos recursos ambientais, pelo que o ideal é utilizar uma série de barreiras.

3. Queimaduras controladas

a). Política - Deve ser sempre apoiada por legislações actuais, futuras e internacionais.

b). Económico - A queima oferece um impacto logisticamente simples e pouco dispendioso nos derrames de petróleo.

c). Social- As queimadas controladas também produzem colunas de fumo que transferem o impacto ambiental do mar para o ar.

d). Tecnológica - A utilização de barreiras de contenção de incêndios rebocadas para capturar, engrossar e isolar uma parte de um derrame, seguida de ignição, é muito menos complexa do que os operadores envolvidos na recuperação mecânica.

e). Pontos fortes - A queima pode ser uma medida adequada de combate a derrames de hidrocarbonetos e, quando utilizada numa fase precoce, antes de o petróleo se degradar e libertar os seus componentes voláteis, pode remover o petróleo da superfície da água de forma muito eficiente e a uma taxa muito elevada.

f). Pontos fracos - Não pode ser feito em todos os momentos. A previsão do tempo é extremamente importante para sabermos que o vento não vai mudar e pôr em perigo a população local.

g). Oportunidade - O período de tempo efetivo para conduzir uma operação de queima bem sucedida depende do tipo de petróleo derramado, das condições meteorológicas e oceanográficas prevalecentes e do tempo que o petróleo demora a emulsionar.

h). Ameaças - A magnitude do derrame pode rapidamente sobrecarregar o equipamento utilizado, exigindo a consideração de outras técnicas.

4. Dispersantes subaquáticos e de superfície

a). Política- Os dispersantes devem ser submetidos a um teste de toxicidade normalizado em organismos aquáticos sensíveis como parte da avaliação global.

b). Económica- É necessário utilizar um grande volume de dispersante, por exemplo, no derrame de petróleo da BP no Golfo foram utilizados mais de 770 000 galões de Corexit 9500 e Corexit EC9527A.

c). Tecnologia - A tecnologia dos dispersantes submarinos é relativamente nova e não existem tecnologias concorrentes.

d). Força - Os dispersantes adicionados à superfície dos derrames de petróleo impedem que estes se cubram e prejudiquem o ambiente costeiro sensível.

e). Pontos fracos - O ponto fraco deste método é o facto de as propriedades químicas do petróleo derramado se alterarem com o tempo e de os dispersantes poderem perder a sua capacidade de decompor o petróleo para degradação. Os dispersantes ajudam a espalhar o petróleo derramado mais amplamente no ambiente. O ponto fraco do dispersante subaquático é o facto de exigir a utilização de veículos remotos para aplicar os produtos químicos, o que pode ser menos eficaz em profundidades extremas.

f). Oportunidades - O dispersante subaquático é uma inovação recente e não foi testado adequadamente, mas a sua utilização no derrame da BP no Golfo foi considerada um êxito.

g). Ameaças - As preocupações com os próprios dispersantes químicos, que são tóxicos, podem causar uma séria ameaça ao ambiente. No caso dos dispersantes submarinos, a ameaça reside no facto de a desagregação do petróleo por estes produtos químicos a profundidades extremas poder libertar mais componentes tóxicos na água, o que pode potencialmente danificar o ecossistema submarino.

5. Limpeza manual/mecânica

a). Política - Não requer legislação
b). Economia - Necessidade de mão de obra não qualificada, o que faz crescer a economia nacional
c). Social - Benefício para as comunidades
d). Tecnologia - tecnologia deficiente e morosa
e). Resistência - Utilizada em todos os derrames com muitos detritos
f). Pontos fracos - Não é eficaz para a descontaminação de petróleo bruto e está desactualizada
g). Ameaça- Não representa qualquer ameaça para o ambiente se for utilizado para fins de reparação.

6. Agentes gelificantes

a). Política - O produto químico utilizado deve ser objeto de legislação e regulamentação
b). Economia - Esta técnica é dispendiosa, uma vez que o produto químico utilizado para solidificar o petróleo derramado deve ser três vezes superior ao volume de petróleo derramado no ambiente.
c). Tecnologia- Uma tecnologia eficaz que pode remediar rapidamente os derrames de petróleo na água.
d). Força - Eficaz em pequenos e grandes derrames de hidrocarbonetos em mar calmo e moderadamente agitado.

e). Pontos fracos - Após a limpeza, o óleo solidificado é demasiado pesado para ser recolhido e transportado para a lixeira.

f). São ameaças eminentes na utilização deste método para o ecossistema, uma vez que simplesmente transfere a poluição ambiental da água para a terra e para a atmosfera.

7. Recuperação natural

a). Política - Não é necessária legislação ou regulamentação

b). Economia - Altamente económico

c). Social - Incentiva a afinidade na comunidade

d). Tecnologia - Não é necessária tecnologia

e). Pontos fortes- Não serão causados danos ao ambiente e também é considerado em vegetação altamente densa e áreas relativamente remotas.

f). Fraqueza - Depende da quantidade de microrganismos que ocorrem naturalmente, da ação das ondas do mar e da luz solar.

g). Ameaça - É evidente que este método não representa uma ameaça eminente.

8. Dispositivos de separação água-óleo

a). Política - Requer legislação e regulamentação

b). Economia - Tecnologia muito cara

c). Tecnologia - Uma tecnologia revolucionária que só recentemente foi utilizada no recente derrame de petróleo da BP no Golfo do México.

d). Pontos fortes - Tem uma vantagem competitiva sobre outros métodos de limpeza. Se for imediatamente aplicado, o método é capaz de recolher o crude assim que este ocorre.

e). Oportunidades - A vantagem reside no facto de a tecnologia ser cada vez melhor e mais aperfeiçoada.

f). Ameaça- Não existem ameaças no que respeita a danos ambientais/ecológicos.

9. Feno

a). Política - Não requerem legislação ou regulamentação

b). Economia - É economicamente viável

c). Tecnologia - Esta técnica é tecnologicamente baixa

d). Força - Pode ser utilizada imediatamente para absorver o petróleo que se aproxima da costa.

e). Pontos fracos - Podem agravar o problema da limpeza do ambiente.

10. Bioremediação

Existem vantagens e desvantagens na utilização desta técnica:

a). Pontos fortes - Não foram identificados impactos adversos relacionados com a utilização de tecnologias de bioremediação em aplicações recentes no terreno.

b) Política - Deve estar sujeita a controlos regulamentares para garantir a sua utilização segura, especialmente a utilização de GEM e o ensaio da tecnologia de sementeira e de fertilizantes.

c) Tecnologia - A investigação confirmou a eficácia da bioremediação. A investigação deve alargar-se para apresentar conhecimentos sobre os mecanismos de bioremediação e para os melhorar.

d) Pontos fracos - É um processo muito longo e lento e ainda não se demonstrou que seja uma resposta eficaz em alto mar. Mesmo que se prove a sua eficácia, poderão ser preferíveis outras alternativas de ação mais rápida como instrumentos de resposta primária.

e) Ameaças - É a introdução de microrganismos geneticamente modificados que podem atuar como espécies exóticas, prejudicando ainda mais o ecossistema.

f) Economia - Esta técnica não é competitiva em termos de custos e requer recursos para a sua limpeza ao longo de vários anos.

CAPÍTULO CINCO: DEBATE

A avaliação dos resultados no capítulo anterior foi realizada de forma adequada, seguindo os objectivos do livro e também seguindo o padrão da Revisão da Literatura.

Produção de petróleo bruto por empresas na Nigéria de 1999 a 2010

A Nigéria celebra um contrato de partilha de produção com muitas empresas internacionais e nacionais ao abrigo de dois acordos principais, o contrato de empresa comum e o contrato de partilha de produção/risco único/empresas independentes, todos ao abrigo do contrato de partilha de compra com um rácio de 60:40 ou 55:45 para a Nigéria e as empresas, respetivamente. Seis empresas, nomeadamente a Shell, a Mobil, a Chevron, a Elf, a NOAC e a Texaco, celebram um contrato de empresa comum, enquanto outras são designadas por PSC/Sole Risk/Independent Companies.

A produção de petróleo bruto tem vindo a diminuir na Nigéria, tendo a Shell registado o maior declínio. A razão para a queda na produção é o facto de a Shell ter sido responsável por vários actos de violação dos direitos humanos, negligência na manutenção, falta de limpeza de derrames de petróleo; por isso, suportou mais o peso da vandalização e dos ataques às suas instalações. Esta tendência de queda manteve-se de 2004 a 2009, tendo aumentado ligeiramente em 2010 devido ao programa de amnistia do governo federal em 2009. Esta tendência na produção de petróleo bruto continuou a verificar-se noutras empresas conjuntas, com exceção das empresas de risco único/indígenas que beneficiaram da política de exploração do governo federal.

As razões para a queda da produção de petróleo bruto no Delta do Níger têm sido muito variadas. A indústria petrolífera tem sido marcada por conflitos políticos e económicos, em grande parte devido à longa história de corrupção dos militares, das elites políticas e à cumplicidade das empresas petrolíferas multinacionais que operam na região do Delta do Níger. Por esta razão, para além da vandalização e das falhas de equipamento das instalações petrolíferas, as companhias petrolíferas registaram poucos investimentos e privilegiaram a manutenção, o que por vezes levou ao encerramento das instalações.

A produção de petróleo bruto diminuiu devido à proliferação de vários pontos de venda não responsáveis perante a nação nigeriana por funcionários corruptos. O governo nigeriano e as companhias petrolíferas são demasiado lentos a implementar reformas destinadas a ajudar a região desesperadamente subdesenvolvida do Delta do Níger e a remediar o ambiente, o que provoca frequentemente distúrbios e destruição desenfreada por parte dos indígenas que sentem que estão a ser explorados e que se deixam degradar pelo ambiente. Os oleodutos são regularmente vandalizados por residentes empobrecidos para desviar combustível e perturbar a produção, o que resulta na perda de milhares de petróleo bruto e de produtos petrolíferos. Outra razão para a queda da produção de petróleo bruto é a diminuição do nível de investimentos das companhias petrolíferas. Os frequentes atrasos no pagamento das chamadas de caixa por parte do Governo nigeriano aos operadores de joint-venture/risco único tendem a desencorajar novos investimentos, o que permite às empresas petrolíferas concentrarem-se na manutenção e não no crescimento.

Incidências de pipelines na Nigéria de 1999 a 2010

Ao longo dos anos, a quantidade de petróleo bruto produzido e transportado entre os pontos de produção, transformação e distribuição até ao terminal de exportação tem vindo a aumentar à medida que aumenta a procura e a dependência do petróleo. Embora este aumento do nível de produção de petróleo contribua para o crescimento económico natural, apresenta também um maior potencial de poluição e degradação ambiental. Existem sistemas complexos e extensos de oleodutos e gasodutos em toda a região do Delta do Níger, como se pode ver na Figura 5 acima. Verificou-se que milhares de óleos brutos foram derramados no meio aquático devido a incidentes com oleodutos na Nigéria.

As causas dos danos e fugas nas condutas podem variar muito, desde defeitos de material e corrosão das condutas até à erosão do solo, movimentos tectónicos no fundo do mar e contacto com âncoras de navios, enquanto o vandalismo é observado como a causa substancial dos danos nas condutas em terra na Nigéria.

As incidências nos oleodutos ocorrem através de actos de sabotagem, resultado de falhas no sistema e de oleodutos velhos e demasiado usados, e têm resultado na perda de petróleo bruto e de produtos petrolíferos, centenas de mortes e impactos no ecossistema. O derrame de petróleo através de actos de vandalismo perpetrados por jovens ociosos e revoltados atingiu o seu pico nos últimos anos. O número total de actos de vandalismo em oleodutos registados entre 1999 e 2010 ascendeu a 19 438 ocorrências. Deste número de incidentes, Port Harcourt, que alberga duas refinarias instaladas, registou 8.918 incidentes, seguido de Warri, com uma refinaria instalada, que registou 4.266 incidentes, enquanto Mosimi, que é um dos principais terminais de exportação de petróleo bruto, registou 3.123 casos. As zonas de Mosimi, Kaduna e Gombe são aqui mencionadas apesar de não se situarem na região do Delta do Níger, mas o petróleo bruto e os produtos petrolíferos são fornecidos pelas instalações de produção de petróleo do Delta do Níger através de oleodutos.

Perdas de produtos petrolíferos em condutas na Nigéria de 1999 a 2010

A perda de produtos petrolíferos devido a actos de vandalismo e a falhas nas infra-estruturas custou à nação uma enorme perda de receitas. A partir da análise, a perda total de receitas do governo federal foi impressionante, totalizando N191.7345b ($1.278b) em receitas. A maior perda de receitas foi registada no ano de 2005, com um total de N41,616b ($278m), enquanto a menor perda de receitas foi registada em 1999, com um total de N3,1581b ($21,03m).

A perda de receitas foi mais elevada na zona de Port Harcourt, com uma perda total de receitas no valor de N91,265 mil milhões ($0,61 mil milhões), enquanto a zona de Mosimi registou N70,726 mil milhões ($0,472 mil milhões). A perda de valor em produtos petrolíferos na zona de Warri foi de N26,065 mil milhões ($0,174 mil milhões), e a perda de valor em produtos petrolíferos nas zonas de Kaduna e Gombe devido a incidentes com produtos de oleodutos foi de N2,10 mil milhões ($14,0 milhões) e N1,576 mil milhões ($10,51 milhões), respetivamente.

Importações de produtos petrolíferos na Nigéria de 1999 a 2010

Devido à interrupção das actividades da indústria petrolífera na Nigéria, este país teve de complementar o seu consumo local com a importação de Premium Motor Spirit (PMS), Dual Purpose Kerosene (DPK) e Automotive Gas Oil (AGO). O volume destes produtos importados para o país tem sido impressionante e, de 1999 a 2010, foi importado um total de 71 316 550 MT. Os anos 2000, 2003, 2007 e 2009 registaram o maior volume de importação de produtos petrolíferos para o país, enquanto o ano de 1999 registou o menor volume de importação.

A Nigéria perdeu enormes receitas em consequência de actividades resultantes de vandalismo e da deterioração do sistema na indústria petrolífera. Com a importação, as quatro refinarias do país ficaram em estado de coma. Para um país que goza de reconhecimento mundial como o 6th maior exportador de petróleo bruto, está perto de ser um importador líquido de produtos petrolíferos e o estado de coma da capacidade de refinação surge como uma espécie de paradoxo, um embaraço e uma vergonha nacional.

Sugestão de técnicas ambientais para a remoção de poluentes petrolíferos na água

A limpeza de um derrame de petróleo na água não é um processo único, uma vez que podem ser aplicados vários métodos com base em factores como o pH, a temperatura, a corrente de água, o volume de derrames de petróleo, o tipo e as caraterísticas do petróleo bruto e a estrutura do petróleo bruto e do ambiente. A região do Delta do Níger tem a sorte de possuir um dos melhores petróleos brutos do mundo, com baixo teor de enxofre, mas com elevada toxicidade. Neste projeto, pretendo sugerir vários tipos de técnicas de limpeza, com base nos seus pontos fortes, pontos fracos, oportunidades, ameaças, vantagens e desvantagens da tecnologia, legislação atual, factores sociais e benefícios económicos de cada técnica. Abaixo estão várias técnicas ambientais testadas e implementadas em vários derrames em todo o mundo:

1. Materiais sorventes

Os materiais absorventes ou misturas de materiais são utilizados para recuperar líquidos através do mecanismo de absorção, adsorção ou ambos. Os sorventes utilizados em derrames de petróleo têm de ser oleofílicos (que atraem o petróleo) e hidrofóbicos (que repelem a água). Os sorventes podem ser utilizados como único método de limpeza em pequenos derrames, mas são mais frequentemente utilizados para remover vestígios finais ou em áreas que não podem ser alcançadas por escumadeiras.

2. Lanças e escumadeiras

As barreiras e os skimmers são outra técnica de remoção de derrames de petróleo. As barreiras são barreiras flutuantes colocadas à volta do petróleo ou do que quer que esteja a derramar o petróleo, enquanto os Skimmers são barcos construídos para o efeito, ou máquinas de vácuo que recolhem o petróleo e também separam o crude da água.

3. Queimaduras controladas

Esta técnica consiste numa queima controlada do petróleo no mar. Trata-se de uma estratégia muito útil em locais remotos ou onde o armazenamento e a eliminação do petróleo sejam difíceis. O processo de queima retira grandes porções de petróleo da superfície da água, mantendo-o afastado da linha de costa. As queimadas controladas devem ser efectuadas logo após o derrame do petróleo.

4. Dispersantes subaquáticos e de superfície

A técnica dos dispersantes submarinos não foi devidamente testada e é de alta tecnologia, uma vez que requer a fixação de dispersantes submarinos ao derrame de petróleo que se encontra por baixo, antes que este possa chegar à superfície. Os dispersantes químicos de superfície são frequentemente utilizados nos derrames de petróleo em muitos países e são pulverizados por barcos, aviões, helicópteros e trabalhadores em terra. O ponto forte deste método é o facto de os dispersantes separarem as partículas de petróleo suspensas na água, reduzindo a maré negra a gotículas que podem ser degradadas por bactérias naturais. Os dispersantes químicos podem ser aplicados numa grande área a partir de aviões ou helicópteros especialmente adaptados.

5. Limpeza manual/mecânica

Esta técnica pode ser considerada ultrapassada, mas é utilizada em quase todos os derrames de petróleo; o seu impacto tem muitos benefícios sociais, económicos e políticos. É frequentemente utilizada quando há muitos detritos. Trabalhadores não qualificados são armados com pás, ancinhos e outros equipamentos ligeiros ao longo da costa, limpando manualmente a área. O lado positivo é o crescimento da economia local, uma vez que não requer mão de obra especializada. Este método pode ser preferido em grandes áreas de derrame, apesar de consumir muito tempo.

6. Agentes gelificantes

Este método utiliza produtos químicos para solidificar o petróleo derramado, tornando-o mais fácil de recolher. O agente gelificante transforma o petróleo numa substância borrachosa com a ajuda do movimento do mar e pode ser facilmente removido da água com redes e dispositivos de sucção. Em pequenos derrames, pode ser aplicado à mão e deixado a misturar, mas em grandes derrames, é misturado por jactos de água a alta pressão. Depois de solidificado, o óleo gelificado é removido com redes e equipamento de sucção, como uma escumadeira. A desvantagem deste método é o facto de ser necessária uma grande quantidade de agentes gelificantes, três vezes mais do que a quantidade de petróleo derramado. É também demasiado complicado transportar e depositar o petróleo derramado solidificado. A vantagem desta técnica é que pode ser utilizada em mares calmos e moderadamente agitados, porque a energia de mistura fornecida pela água aumenta o contacto do óleo com o agente gelificante.

7. Recuperação natural

Este método é considerado quando o impacto ambiental da limpeza de um derrame de hidrocarbonetos pode ultrapassar os benefícios da limpeza de certas áreas, como a vegetação muito densa e as áreas relativamente remotas. Para além desta razão, outros factores como a ação das ondas, os microrganismos naturais, a luz solar e a dispersão natural da água podem contribuir para a decomposição do petróleo derramado no oceano. A vantagem desta proposta é o facto de não prejudicar ainda mais o ambiente, uma vez que não são utilizados produtos químicos de limpeza. Tem também muitos benefícios sociais, económicos e políticos porque o seu impacto na área é considerado garantido para não a prejudicar.

8. Dispositivos de separação água-óleo

Esta é uma tecnologia revolucionária de centrifugação que proporciona à indústria petrolífera a capacidade de responder de forma imediata, segura e bem sucedida à limpeza e recuperação de petróleo de derrames. Trata-se de uma conceção de separação por gravidade que se baseia na diferença de gravidade específica entre o óleo e a água.

Neste dispositivo, são utilizados vários modelos e tamanhos de centrífugas, consoante o tamanho e o volume do derrame. Esta tecnologia funciona fazendo girar dois fluidos de densidades diferentes dentro de um recipiente rotativo, forçando o fluido mais leve a dirigir-se para o centro do rotor. É muito eficaz, pois pode separar e deixar as massas de água 95% livres. Se forem imediatamente acionados, estes dispositivos podem recolher o petróleo bruto assim que este ocorre, ajudando a evitar danos ambientais devastadores e irreversíveis.

Esta técnica será aceite, uma vez que é ecológica/ambiental e tem o apoio da legislação em vigor no país. Do ponto de vista económico, pode ser desenvolvida internamente, protegendo assim a economia nacional. O dispositivo é uma tecnologia concorrente e foi recentemente utilizado no recente derrame de petróleo da BP no Golfo do México. O ponto forte desta técnica é o facto de ter uma vantagem competitiva sobre outras técnicas de limpeza. Não existem ameaças de danos ambientais/ecológicos nas zonas onde é utilizado.

9. Feno

Esta é uma técnica de resposta imediata utilizada em pequenos derrames. O feno pode ser utilizado para absorver os derrames de petróleo que se deslocam em direção às praias, deixando para trás água limpa. Esta é uma solução de limpeza de baixa tecnologia e muito indesejável em grandes derrames. Este método pode agravar o problema da limpeza do ambiente, uma vez que o próprio feno terá de ser recuperado numa vasta área.

Politicamente, esta técnica não requer qualquer organismo regulador ou legislação futura, mas também não é ecológica e amiga do ambiente, uma vez que o feno embebido em petróleo tem de ser recuperado e depositado noutro local, transferindo assim o impacto ambiental. Tecnologicamente, é de baixa tecnologia e é necessário o desenvolvimento de tecnologias concorrentes.

10. Bioremediação

As técnicas de bioremediação aumentam a taxa a que o petróleo se biodegrada naturalmente na água. Durante este processo, são aplicados agentes químicos, fertilizantes e microrganismos ao petróleo, que o decompõem num composto mais simples e mais facilmente removível. Os hidrocarbonetos derramados devem ser limpos rapidamente para reduzir os danos potenciais para o ambiente. Infelizmente, a biodegradação é um processo moroso que pode levar anos.

A remediação de derrames de petróleo divide-se em três categorias de abordagens: 1) estimulação de microrganismos indígenas através da adição de nutrientes (fertilização), 2) introdução de microrganismos naturais que degradam o petróleo (sementeira) e 3) introdução de microrganismos geneticamente modificados (GEM).

1. A estimulação de microrganismos indígenas através da adição de nutrientes foi testada em reacções a derrames de hidrocarbonetos e é considerada por muitos investigadores como a mais promissora para responder à maioria dos tipos de derrames de hidrocarbonetos.
2. A introdução de microrganismos naturais que degradam o petróleo pode ser benéfica em áreas onde os organismos nativos crescem lentamente ou são incapazes de degradar um determinado hidrocarboneto.
3. A introdução de microrganismos geneticamente modificados (GEM) será impedida se houver disponibilidade de micróbios naturais. Este método necessita de mais investigação e desenvolvimento. É muito improvável que seja apanhado pelos obstáculos regulamentares e pela

perceção do público, mesmo que se prove ser útil para a degradação de alguns componentes obstinados do petróleo.

Análise das várias técnicas de correção sugeridas

Para ter uma ideia mais clara das minhas sugestões, os factores que podem fazer avançar uma decisão imediata são os seguintes

Factores políticos

Deve ser aceite o conceito de equilíbrio entre as sensibilidades ambientais e os factores socioeconómicos para determinar as técnicas mais eficazes e adequadas e o nível de limpeza em cada local. Nos termos da legislação nigeriana, as comunidades locais não têm direitos legais sobre as reservas de petróleo e gás. As empresas petrolíferas tiram partido dos fracos sistemas de regulamentação. De acordo com os sistemas de Petróleo (Perfuração e Produção), (1969), "exige-se que os licenciados ou arrendatários adoptem todas as precauções práticas para evitar a poluição das águas interiores, rios, cursos de água, águas territoriais da Nigéria ou alto mar por petróleo". A Nigéria não controlava as actividades das companhias petrolíferas até há pouco tempo, quando criou a Agência Federal de Proteção do Ambiente, que posteriormente se tornou o Ministério Federal do Ambiente em 1988. Em 2007, esta agência foi revogada e substituída por legislação que restringiu significativamente a capacidade do Ministério Federal do Ambiente para aplicar a legislação ambiental relativa ao petróleo e ao gás. A legislação nigeriana sobre as operações petrolíferas é considerada insuficiente em termos de cumprimento das normas internacionais relativas às operações petrolíferas

Com base nesta premissa, a maioria das técnicas mencionadas será executada favoravelmente com influências mínimas da lei. A Agência Nacional de Deteção e Resposta a Derrames de Petróleo (NOSDRA), recentemente criada, não tem capacidade para responder a derrames de petróleo, uma vez que depende das companhias petrolíferas para a análise dos derrames de petróleo.

Fator económico

Os custos de limpeza de derrames de petróleo baseiam-se no país, na proximidade da linha costeira, na dimensão do derrame, no tipo de solo, no grau de oleosidade da linha costeira e na metodologia de limpeza para determinar o custo da resposta. A localização dos derrames de petróleo e o tipo de derrame também influenciam o custo da limpeza. Os derrames de hidrocarbonetos perto da costa e dos portos são mais dispendiosos do que ao largo, devido ao valor económico das árvores dos mangais e de outras formas de vida aquática da costa. Relativamente ao tipo de hidrocarbonetos, a resposta de limpeza para os hidrocarbonetos leves é muito inferior à dos hidrocarbonetos pesados, com base na gravidade específica do hidrocarboneto e noutras caraterísticas. O tipo de hidrocarbonetos derramados tem impacto nos custos de limpeza, em conjunto com a quantidade de hidrocarbonetos derramados e as condições do vento e das correntes marítimas.

Os derrames de hidrocarbonetos mais persistentes e próximos das linhas costeiras e a toxicidade exigem estratégias de limpeza mais sofisticadas, que incluem a aplicação de dispersantes quando a lei o permite. Geralmente, os derrames de hidrocarbonetos que ocorrem em terra ou perto da costa são mais dispendiosos de limpar do que os derrames de hidrocarbonetos no mar. Este facto deve-se à maior probabilidade de impacto na linha de costa. No que se refere à correlação custo/dimensão do derrame, é evidente que a limpeza de pequenos derrames é mais dispendiosa do que a de derrames maiores, por unidade, devido aos custos associados à criação da logística da equipa de resposta à limpeza.

CAPÍTULO SEIS: RECOMENDAÇÕES E CONCLUSÕES

6.1. Introdução

A Nigéria é o maior produtor de petróleo de África, o 11th do mundo e o 6th maior exportador de petróleo bruto do mundo. O principal pilar da economia da Nigéria é o sector petrolífero, que contribui com cerca de 90% das receitas em divisas do país e com cerca de 25% do PIB. Uma parte significativa do petróleo do país é produzida em terra e posteriormente transportada por oleodutos, embora recentemente se tenha assistido a um aumento das actividades de produção de petróleo em alto mar.

A incidência de derrames de petróleo devido ao vandalismo dos oleodutos, em especial, e à deterioração do equipamento parece ter-se tornado galopante nos últimos tempos e, se não forem tomadas medidas urgentes pelas agências nigerianas competentes, tem a capacidade de minar os esforços do governo para cumprir as suas obrigações em matéria de gestão de derrames de petróleo. As enormes instalações petrolíferas no delta do Níger explicam a sua vulnerabilidade ao vandalismo e à destruição gratuita, embora, por um lado, a falta de reação do governo e das empresas petrolíferas multinacionais. Estas enormes instalações de oleodutos e a natureza complexa da região, juntamente com a corrupção no sistema, colocam um sério desafio à gestão dos derrames de petróleo.

6.2. Prognóstico do conflito

Ao recomendar a melhor prática a ser implementada no método de remediação da região do Delta do Níger afetada por derrames de petróleo, o prognóstico do problema deve ser destacado. A arma mais potente entre os habitantes da região é a raiva crescente entre os trinta e um milhões de pessoas da região, devido às políticas deliberadas do governo central de os tratar como cidadãos de segunda classe, apesar da sua óbvia contribuição para a força económica da nação. Nos mais de cinquenta anos que decorreram desde a prospeção e exploração do petróleo na região, vários governos, a nível federal, estatal e local, são vistos como não tendo conseguido proporcionar benefícios económicos tangíveis aos residentes empobrecidos. Isto levou os residentes a alinharem forças, estabelecendo grupos de pressão e militantes para confrontar as autoridades sobre a necessidade de melhorar, pelo menos marginalmente, as infra-estruturas da região. Seguem-se algumas das razões para o conflito e a agitação na região, que resultaram na vandalização deliberada dos oleodutos e das instalações petrolíferas, o que levou a derrames maciços de petróleo na região.

1. **Pobreza/Privação dos meios de subsistência**

A indústria petrolífera no Delta do Níger, na Nigéria, trouxe o empobrecimento e a pobreza à maioria da população das zonas produtoras de petróleo. A pobreza e o seu contraste com a riqueza gerada pelo petróleo tornaram-se um dos exemplos mais gritantes e perturbadores da "maldição dos recursos". Apesar da riqueza gerada, muitas pessoas nesta região têm de beber, cozinhar e lavar-se em água poluída e comer peixe contaminado com petróleo e outras toxinas. Dezenas de milhares de famílias no Delta do Níger dependem da pesca em águas interiores e em águas offshore para obterem rendimentos e alimentos, e a poluição petrolífera danifica este importante ecossistema, devastando a vida aquática. A pressão da pesca na região é muito elevada, devido à falta de alternativas de emprego para as comunidades locais nas zonas estuarinas.

A pobreza e a privação de meios de subsistência na região do Delta do Níger, como precursor de outros índices da causa do conflito e da agitação, têm múltiplos factores: entre eles, a negligência, a inadequação dos equipamentos sociais, a degradação ambiental e o desemprego. A pobreza na região é ainda reforçada pela incapacidade das multinacionais petrolíferas e do governo nigeriano de dar prioridade e tratar a pobreza como um problema social importante da região; por conseguinte, a pobreza é simultaneamente a causa e a consequência do conflito e da vandalização.

A pobreza, enquanto problema social, deve ser reduzida através de medidas drásticas para melhorar as condições de vida das pessoas com programas pró-activos que não devem ser cosméticos, mas duradouros, nomeadamente:

a. Estabelecimento de um programa de aquisição de competências na região, onde os jovens desempregados e inquietos, com potencial e aptidão, possam frequentar programas de formação em capacitação de competências em cursos relacionados com o petróleo. O governo federal, estadual e local, bem como as multinacionais do petróleo, devem criar um fundo multiusos para estabelecer o programa em todos os círculos eleitorais federais da região. A criação da Comissão para o Desenvolvimento do Delta do Níger é um desenvolvimento bem-vindo, mas as tarefas que a comissão tem pela frente são demasiado pesadas para que o seu impacto neste projeto seja alcançado.

b. Por outro lado, deveriam ser criados esquemas de bolsas de estudo para cursos locais e internacionais para os jovens da região com perspicácia educativa adquirirem conhecimentos em cursos relacionados com o petróleo, o ambiente e a gestão.
c. O governo e as multinacionais do petróleo devem criar oportunidades de emprego em massa na região, para além de estabelecerem um programa de aquisição de competências. Quando as pessoas estiverem a trabalhar, terão menos tempo para se entregarem a actividades que ameaçam a segurança da região do Delta do Níger.
d. O estabelecimento de indústrias de pequena escala na região por parte dos governos e das multinacionais, para acomodar a juventude inquieta, afastará as suas mentes e atenção das actividades e benefícios da indústria petrolífera.

2. Estruturas/Deficiências da Federação Nigeriana

A crise no Delta do Níger foi exacerbada por questões emergentes de distorções grosseiras do federalismo da Nigéria no que respeita ao controlo dos recursos, aos direitos de cidadania e à degradação ambiental.

Antes da independência, o princípio da derivação, no que respeita à afetação das receitas, baseava-se em grande medida no grau de produção das regiões que constituíam a Nigéria. Os incentivos inerentes à afetação das receitas fomentavam a concorrência entre as regiões, com cada uma a esforçar-se por contribuir mais para obter mais das receitas afectadas a nível central. De 1946 a 1960, o princípio da derivação foi mantido em 50%. Após a independência, a fórmula de derivação de 50% foi alterada de várias formas durante a administração militar e civil, passando para os actuais 13% para os Estados produtores de petróleo do Delta do Níger.

Nos termos das constituições de 1979 e 1999, os direitos sobre os recursos minerais na Nigéria são detidos pelo governo federal, o que tem irritado a população da região do Delta do Níger, uma vez que não era esse o caso antes e imediatamente após a independência, quando as unidades constituintes tinham acesso ilimitado aos seus recursos. Esta deficiência estrutural no federalismo da Nigéria afectou a tribo minoritária do Delta do Níger. Provocou a "desigualdade" no número e nas disposições fiscais dos governos estatais e locais, uma vez que a criação de estados e governos locais favoreceu as três grandes tribos Hausa, Yoruba e Igbo. Este facto foi responsável pela resolução da maioria dos problemas de infra-estruturas, como estradas, eletricidade e água, etc.

Para fazer face à ameaça de vandalismo dos oleodutos e de perturbação das actividades petrolíferas no delta do Níger, e à questão dos derrames de petróleo devido ao vandalismo e à destruição arbitrária das instalações petrolíferas, o governo a nível central deve adotar legislação que coloque o país na via do verdadeiro federalismo, de modo a libertar as energias latentes das unidades constituintes para prosseguirem a sua visão e realizarem as suas potencialidades sem restrições.

3. Falta de desenvolvimento e desemprego

A região do Delta do Níger está subdesenvolvida, apesar de ser o celeiro da Nigéria. Para além das capitais, as outras cidades não têm estradas com motor, água, eletricidade e telefone. A multinacional petrolífera que vive na mesma comunidade fá-lo com tanta afluência e arrogância que nunca foi boa vizinha das comunidades. Poucos progressos foram feitos na abordagem das questões de desenvolvimento no Delta do Níger. Esta situação, acompanhada pela exclusão virtual de indivíduos ou empresas locais das oportunidades de emprego no sector do petróleo e do gás, deu origem a raiva, alienação e agressão. Este facto tem sérias implicações para a produção constante e contínua de petróleo na região.

Para travar esta deriva na produção petrolífera e as constantes distorções nas actividades petrolíferas, e trazer a paz à região, os vários níveis de governo e as empresas petrolíferas multinacionais deveriam iniciar um desenvolvimento em massa da região e criar oportunidades de emprego.

4. Degradação ambiental

É um facto que todas as leis conhecidas em matéria de segurança ambiental foram violadas no Delta do Níger. A degradação ambiental é a principal causa das perdas de produtividade, tanto em termos de petróleo como de outras receitas, no Delta do Níger. A extração de petróleo tem um impacto tremendo no Delta do Níger e as suas consequências para o declínio da produção da região, que se baseia predominantemente na pesca. Uma das principais causas da crise na região, no que respeita à degradação ambiental, é a incapacidade das empresas petrolíferas multinacionais envolvidas na prospeção e exploração de petróleo bruto e do governo federal para atenuar as consequências do efeito dos derrames de petróleo bruto, devido ao atraso prolongado na limpeza dos derrames de petróleo.

Este estudo pretende alinhar-se parcialmente com as recomendações do Programa das Nações Unidas para o Ambiente (PNUA) no seu relatório sobre os derrames de petróleo em Ogoniland e no Delta do Níger, no qual propõe a "necessidade de uma mudança genuína nas prioridades e práticas da indústria petrolífera e das agências governamentais reguladoras que operam no Delta do Níger. Deveria haver uma fase de transição para uma remediação detalhada e um planeamento da gestão ambiental; o fim imediato do bunkering", o estabelecimento de um Sistema de Gestão do Tráfego de Navios e a refinação artesanal na região; uma melhor gestão da remediação e a harmonização e reforço das várias agências reguladoras.

5. Falta de justiça, responsabilização e recusa de informação

No Delta do Níger, a limpeza dos derrames de petróleo não é efectuada de forma eficaz pelas companhias petrolíferas logo que ocorrem, e não existe uma supervisão governamental suficiente das actividades das companhias petrolíferas. As culpas são trocadas, uma vez que as empresas acusam frequentemente as comunidades de serem responsáveis pelos derrames de petróleo através de actos de vandalismo. Esta troca leva a atrasos na limpeza e deixa as comunidades em pior situação. As propriedades dos indígenas da comunidade danificadas pelas actividades petrolíferas são muitas vezes rejeitadas para compensação, uma vez que não dispõem de informação adequada para contestar as suas reivindicações, e os processos não judiciais que são administrados pelas companhias petrolíferas com um mínimo de supervisão governamental são gravemente deficientes. Para evitar o pagamento de indemnizações, as companhias petrolíferas multinacionais transferem sempre a responsabilidade pelo derrame de petróleo para as comunidades, uma vez que estas não dispõem de informações para verificar. Estas atitudes exibidas pelas companhias petrolíferas agravam ainda mais o problema da gestão dos derrames de petróleo na zona.

Nos termos da legislação internacional em matéria de direitos humanos, as pessoas cujos direitos são violados devem ter acesso a vias de recurso efectivas. O direito a uma reparação eficaz inclui medidas de restituição para repor a vítima na situação original; indemnização por danos economicamente acessíveis; reabilitação; verificação dos factos e divulgação pública e integral da verdade e sanções judiciais e administrativas contra pessoas e empresas responsáveis pela violação.

6. Violação dos direitos humanos

É importante notar que o impacto das actividades petrolíferas, com o consequente derrame de petróleo no ambiente do Delta do Níger, está a ocorrer quando os meios de subsistência, a saúde e o acesso aos alimentos e à água potável estão ligados à qualidade ambiental. Os danos ambientais contínuos resultantes da produção de petróleo no Delta do Níger conduziram a graves violações dos direitos humanos. Nos termos da legislação nigeriana, as comunidades locais não têm direitos legais sobre as reservas de petróleo e de gás no seu território. A segurança e a proteção dos direitos a um nível de vida adequado, incluindo a habitação, a alimentação e a água, foram comprometidas tanto pelas disposições constitucionais como por uma série de leis que dão prioridade às operações petrolíferas em termos de acesso à terra.

No Delta do Níger, o sistema regulador é imperfeito; a lei nigeriana que exige que as empresas petrolíferas que operam na região cumpram as normas internacionais de boas práticas é mal executada. A aplicação destas leis pelas várias agências nigerianas é ineficaz e, nalguns casos, comprometida por conflitos de interesses.

6.3. Recomendação da(s) melhor(es) técnica(s) ambiental(ais) para a remoção de poluentes de petróleo bruto em massas de água do Delta do Níger

A maior parte do petróleo bruto nigeriano pertence à categoria de petróleo bruto ligeiro a médio; por conseguinte, qualquer petróleo derramado espalhar-se-ia muito facilmente na superfície da água, ajudando assim à rápida evaporação das extremidades ligeiras do hidrocarboneto. Para uma remediação eficaz e adequada dos derrames de hidrocarbonetos, a caraterização dos petróleos brutos e dos produtos refinados numa situação de libertação é a primeira tarefa de resposta que deve ser realizada. A classificação correta e a compreensão das propriedades químicas e físicas destas substâncias ajudam a determinar o perigo para o pessoal e para as espécies aquáticas, os efeitos na costa ou nos estuários e a forma que a resposta deve assumir.

Quando ocorrem derrames de petróleo, o petróleo forma uma mancha milimétrica que flutua na água. O petróleo acaba por se espalhar, afinando à medida que o faz, até se tornar uma mancha generalizada na água. A rapidez com que uma equipa de limpeza chega a um derrame, juntamente com outros factores, como as ondas, as correntes e o tempo, determina o método que a equipa utiliza para limpar um derrame.

Se uma equipa conseguir chegar a um derrame no espaço de uma ou duas horas, pode optar por barreiras e skimmers para limpar a mancha. As barreiras flutuantes contêm a mancha recolhida à superfície da água e impedem que o petróleo se espalhe. Isto facilita a remoção do óleo da superfície utilizando barcos especiais que sugam o óleo da água para tanques de contenção. Os materiais absorventes, como os sorventes naturais, inorgânicos e orgânicos, podem também ser utilizados para absorver o petróleo da água com correntes fracas e marés vivas, sendo recolhidos e destruídos.

A queima de uma mancha de óleo é recomendada na fase inicial do derrame, especialmente nas zonas offshore, uma vez que permite lamber o óleo à superfície da água. Pode ser perigoso quando utilizado em zonas de povoações costeiras, uma vez que a queima produz fumo tóxico que tem impacto na saúde da povoação. Mas o petróleo deve ser incendiado antes que a parte mais inflamável se evapore, e a mancha deve ser contida primeiro. Além disso, o público pode opor-se a esta técnica com o argumento de que cria poluição atmosférica, apesar de a evaporação criar uma entrada semelhante, mas invisível, de toxinas no ar.

Nalgumas áreas, as agências de limpeza podem deixar que os processos naturais sigam o seu curso, especialmente se as manchas de derrame de petróleo não ameaçarem a vida selvagem, as empresas ou a civilização. Na região tropical, como o Delta do Níger, os derrames de petróleo podem ser remediados com dispersantes, produtos químicos que decompõem o petróleo muito mais rapidamente do que os elementos por si só. Os dispersantes separam a mancha de petróleo, permitindo que as gotículas de petróleo se misturem com a água e sejam absorvidas pelo sistema aquático mais rapidamente. Estes produtos químicos representam um perigo, uma vez que nenhum processo de remediação está completamente isento de efeitos adversos, no entanto, este petróleo decomposto pode ser absorvido pela vida marinha e entrar na cadeia alimentar. A combinação dos dispersantes e do petróleo decomposto é mais tóxica para os recifes de coral tropicais, por exemplo, do que o petróleo bruto.

Os derrames de hidrocarbonetos que atingiram a costa podem ser eficazmente remediados através da utilização de agentes biológicos. Trata-se da aplicação de adubos, fósforo e azoto sobre a costa manchada de petróleo para promover o crescimento de microrganismos, que decompõem o petróleo em componentes naturais como os ácidos gordos e o dióxido de carbono. É mais provável que os derrames na linha costeira afectem os habitats da vida selvagem. A vida selvagem na zona do derrame de petróleo pode ser protegida assustando os animais que se encontram nas zonas poluídas, utilizando bonecos e balões flutuantes, embora isso não impeça que os animais que já estão em contacto com a mancha de petróleo sejam afectados.

O melhor método de remediação para os derrames de hidrocarbonetos na água consiste em evitar ou, pelo menos, reduzir o volume de hidrocarbonetos derramados. São sugeridos os seguintes métodos de prevenção

1. **Controlo regular dos derrames de petróleo**

A monitorização dos derrames de petróleo é importante para reduzir o flagelo do seu efeito. Alguns dos maiores derrames de petróleo da Nigéria ocorreram ao largo da costa e o impacto da poluição por petróleo nas pescas ao largo da costa está menos bem documentado do que o impacto nas pescas em terra. Embora existam numerosas operações petrolíferas ao largo da costa da Nigéria, não existe praticamente nenhum controlo ou relatório independente sobre a poluição petrolífera ou o seu impacto. O governo da Nigéria e as suas agências nunca se empenharam em qualquer monitorização ou estudo efetivo sobre os impactos da indústria petrolífera na saúde e nas pescas, apesar de as comunidades e os grupos da sociedade civil terem manifestado a sua preocupação.

O governo deveria empregar os serviços do Satélite Nigeriano 1 para ajudar na monitorização de derrames de petróleo, fornecendo a posição do derrame que poderia servir como dados de entrada no modelo de monitorização de desastres. Também fornecerá a extensão da água costeira e das áreas costeiras poluídas; esta informação é vital para a rápida limpeza das áreas afectadas pelo petróleo. Esta informação nos dados também permitirá uma operação rápida e bem sucedida numa resposta rápida desde o momento em que o derrame de petróleo é comunicado até à sua reparação. As informações sobre a posição exacta e o volume de hidrocarbonetos derramados podem ser representadas no mapa de impacto da descontaminação utilizando um Sistema de Informação Geográfica (SIG).

2. **Criação ou estabelecimento de um Centro Regional de Resposta a Derrames ao longo da costa do Delta do Níger**

Em 2000, o governo criou a Agência Nacional de Deteção e Resposta a Derrames de Petróleo (NOSDRA), uma entidade para-estatal sob a alçada do Ministério Federal do Ambiente. Atualmente, a agência está sobrecarregada com a burocracia desnecessária da função pública, embora esteja descentralizada a nível zonal. A criação de centros regionais de resposta a derrames ao longo das costas ajudaria a gerir e a remediar as ocorrências de derrames de petróleo. O centro deve utilizar modelos de combate à poluição por hidrocarbonetos, notificando e limpando os derrames de petróleo imediatamente após o derrame.

O ambiente costeiro da Nigéria tem grandes áreas de ecossistema de mangais que foram destruídas. As estratégias de resposta sugeridas para os centros regionais são as seguintes:

- Os mangais são extremamente difíceis de limpar, o que exige a máxima prioridade de proteção, dada a sua importância para a orla costeira e o ecossistema.
- As barreiras devem ser colocadas durante os derrames de hidrocarbonetos para proteger as zonas mais abrigadas, uma vez que os hidrocarbonetos serão mais persistentes nessas zonas.
- Podem também ser colocados sorventes ao longo da orla dos mangais para reduzir a quantidade de petróleo que afecta/entra nos mangais.
- Por último, na maioria das situações, é preferível deixar os mangais em paz para se auto-limparem.

3. O "princípio do poluidor-pagador" (PPP)

Este princípio foi introduzido em 1960 entre os países da Organização para o Desenvolvimento da Cooperação Económica (OCDE) para a promoção do crescimento económico sustentável entre os seus países membros. O princípio estabelece que "o poluidor deve suportar o custo da execução das medidas decididas pelas autoridades públicas para assegurar que o ambiente se encontra num estado aceitável. O princípio estabelece igualmente que o poluidor deve ser responsabilizado pelos danos ambientais causados e deve suportar as despesas de execução das medidas de prevenção da poluição ou pagar pelos danos causados ao estado do ambiente.

Significa, portanto, que, no caso das actividades petrolíferas no Delta do Níger, as companhias petrolíferas devem ser responsabilizadas pelo custo das medidas administrativas tomadas pelas autoridades para prevenir ou remediar qualquer poluição resultante de actividades petrolíferas, como derrames de petróleo, etc., na região. Na Nigéria, as companhias petrolíferas utilizaram todas as medidas para evitar o pagamento da reparação da degradação ambiental causada pelas suas acções, bem como o pagamento de indemnizações pelo ambiente e propriedades danificados. Seria também desejável impor impostos e taxas, como acontece nos países desenvolvidos, contra as empresas petrolíferas faltosas, para cobrir os custos de prevenção, redução e recuperação do ambiente, em conformidade com a PPP, o que terá um impacto dissuasor nas actividades prejudiciais ao ambiente.

Concluindo, sem um financiamento adequado, as respostas aos derrames de hidrocarbonetos não terão qualquer efeito, pelo que é necessária a criação de um fundo com uma finalidade específica, como acontece nos Estados Unidos da América. Deverá ser criado um Fundo Fiduciário de Responsabilidade por Derrames de Hidrocarbonetos (OSLTF) para a recolha e o desembolso das receitas necessárias para dar resposta aos derrames de hidrocarbonetos. Este fundo de emergência assegurará uma resposta rápida e eficaz aos derrames de hidrocarbonetos e o Presidente deverá ter autoridade para disponibilizar o dinheiro sem necessidade de uma dotação legislativa, uma vez que se trata de um fundo de emergência. O fundo de emergência pode ser utilizado para cobrir as despesas associadas à atenuação das ameaças de um derrame de hidrocarbonetos, bem como os custos das actividades de contenção, contramedidas, limpeza e eliminação de derrames de hidrocarbonetos.

O fundo poderá também ser utilizado na proteção do ambiente, na investigação ambiental, na disponibilização de equipamentos e infra-estruturas nas comunidades produtoras de petróleo. Outra utilização do fundo poderia ser a aquisição de dados meteorológicos em tempo real ou previstos e de mapas digitais de média escala da zona costeira.

As fontes deste fundo devem incluir:

- Imposto sobre o barril - Receitas cobradas à indústria petrolífera sobre o petróleo produzido na Nigéria ou importado para a Nigéria.
- Transferências - Receitas a transferir de outros fundos de poluição existentes, como o fundo ecológico, atualmente utilizado de forma abusiva pelo governo dos Estados.

- Recuperação de custos - Incidentes petrolíferos que são responsáveis por custos e danos
- Sanções - Para além de pagarem os custos de limpeza, as companhias petrolíferas podem ter de incorrer em sanções ao abrigo da lei da poluição da Nação.

Finalmente, a indústria petrolífera deve trabalhar em estreita colaboração com as agências governamentais, universidades e centros de investigação para reduzir a frequência e o impacto dos derrames de petróleo no Delta do Níger, na Nigéria.

REFERÊNCIAS

1. Abu, G. O., e Dike, P. O., 2008. Um estudo dos processos de atenuação natural envolvidos num modelo de microcosmos de sedimentos de zonas húmidas afectadas por petróleo bruto no Delta do Níger. *Bioresources Technology.* **9,** 4761-4767.
2. Abu, G. O., e Ogiji, P. A., 1996. Teste inicial de um esquema de bioremediação para a limpeza de uma massa de água poluída com petróleo numa comunidade rural da Nigéria. *Bioresource Technology.* **58,** 7-12.
3. Adedeji, A. A., e Ako, R. T., 2009. Para alcançar os Objectivos de Desenvolvimento do Milénio das Nações Unidas: O imperativo de reformar as leis de controlo da poluição da água e de gestão de resíduos na Nigéria. *Desalination.* **248,** 642-649.
4. Agência para o Registo de Substâncias Tóxicas e Doenças (ATSDR). 1999. Toxicological profile for total petroleum hydrocarbons (TPH). Atlanta, GA: Departamento de Saúde e Serviços Humanos dos EUA, Serviços de Saúde Pública.
5. Al-Awadhi, N., Al-Daher, R., El Navavy, A., Balba, M. T. 1996. Bioremediação de solos contaminados com petróleo no Kuwait: Land farming to remediate oil-contaminated soil. *Journal of Soil Contamination.* **5,** 243-260.
6. Amnistia Internacional e Amigos da Terra: Shell slammed over oil spills in Nigeria" [A Shell foi criticada por derrames de petróleo na Nigéria]. News24, 25th janeiro, 2011.
7. Aprioku, I. M., 2003. Desastres provocados por derrames de petróleo e a paisagem de risco rural da Nigéria Oriental. *Geoforum.* **34,** 99-112.
8. Aprioku, I. M., 1999. Collective response to oil-spill hazards in the Eastern Niger Delta of Nigeria. *Journal of Environmental Planning and Management.* **42(3),** 389-408.
9. Awobajo, S. A., 1981. An analysis of oil spill incidents in Nigeria (Uma análise dos incidentes de derrame de petróleo na Nigéria). *The Petroleum Industry and the Nigerian Environment, Actas do Seminário Internacional de 1981,* NNPC, Lagos, Nigéria, 57-63.

10. Baird, J., "Oil's shame in Africa" (A vergonha do petróleo em África) Newsweek (26 de julho de 2010).
11. Baumuller, H., Donnelly, E., Vines, A., e Weimer, M. 2011. The effects of oil companies' activities on the environment, health and development in sub-saharan Africa (Os efeitos das actividades das empresas petrolíferas no ambiente, na saúde e no desenvolvimento na África Subsariana). Chatham House, Reino Unido
12. Burbacher, T. M. 1993. Neurotoxic effects of gasoline and gasoline constituents (Efeitos neurotóxicos da gasolina e seus constituintes). *Environmental Health Perspectives.* **101,** 133-141.
13. Campbell, D., Cox, D., Crum, J., Foster, K., Christie, P., e Brewster, D. 1993. Initial effects of the grounding of the tanker Braer on health in Shetland (Efeitos iniciais do encalhe do petroleiro Braer na saúde em Shetland). *O Grupo de Estudos de Saúde de Shetland.* **BMJ 307 (6914),** 1251.
14. Capuzzo, J. M., 1987. Efeitos biológicos dos hidrocarbonetos de petróleo: Avaliação a partir de resultados experimentais. In: Long-term Environmental effects of offshore oil and gas development. Boesch, D. F., e Rabalais (Ed.). Elsevier Applied Science. Londres, pp. 343-410.
15. Connell, D. W., e Miller, G. J., 1984. Chemistry and ecotoxicology of pollution. John Wiley and Sons, Nova Iorque.
16. Cooney, J. J., 1984. The fate of petroleum pollutants in freshwater ecosystems (O destino dos poluentes petrolíferos nos ecossistemas de água doce). In: (Ed.), Petroleum Microbiology. Macmillan Publishing Company, Nova Iorque, 355-398.
17. Crayford, S., "The Ogoni "Uprising: Oil, Human rights and a democratic alternative in Nigeria". Africa Today, vol. 43, 2, abril/junho de 1996, pp. 183.
18. Dublin-Green, C. O., Awosika, L. F., e Folorunsho, R., 1999. Actividades de investigação sobre a variabilidade climática na Nigéria. *Instituto Nigeriano de Oceanografia e Investigação Marinha.* Ilha Victoria, Lagos, Nigéria.

19. Dudley, G., 1976. The incidence and treatment of oil pollution in oil ports, in *Marine Ecology and Oil Pollution* (J. M. Baker, Ed.). Applied Science Publishers, Barking, 27-40.
20. Egberongbe, F. O. A., Nwilo, P. C., e Badejo, O. T. 2006. Monitorização de desastres de derrames de petróleo ao longo da costa da Nigéria. *Marine and Coastal Zone Management.* **TS16.6.** 1 -26. Um documento apresentado em 5th FIG Conferência Regional, Accra, Gana, 8-11 de março de 2006 sobre a promoção da administração da terra e boa governação. [em linha] Disponível em: <http://www.fig.net/pub/accra/papers/ts16/ts16_06_egberongbe_etal.pdf>
21. Ejibuna, H. T. 2007. A crise do Delta do Níger na Nigéria: Root causes of peacelessness. *Documentos de investigação da EPU.*
22. Envir-Health Consultants, 1998. Relatórios sobre a exploração petrolífera e os riscos para a saúde ambiental, Port Harcourt.
23. Ação pelos Direitos Ambientais (ERA). Condena o mau comportamento empresarial da Exxon-Mobil. Sociedade Histórica Urhobo, 2001.
24. Epstein, P. R., e Selber, J. 2002. Oil: A life cycle analysis of its health and environmental impacts [Uma análise do ciclo de vida dos seus impactos na saúde e no ambiente]. *The Center for Health and the Global Environment.* Harvard Medical School. Boston, Massachusetts.
25. ERML, 1997. Caraterísticas ambientais e socioeconómicas do Delta do Níger.
26. Eyong, E. U., Umoh, I. B., Ebong, P. E., Etteng, M. U., Antai, A. B., e Akpa, A. O., 2004. Efeitos hematotóxicos após ingestão de crude nigeriano e marisco poluído com crude por ratos. *Jornal Nigeriano de Ciências Fisiológicas.* **19(1-2),** 1-6.
27. Human Rights Watch, 1999. O preço do petróleo: Corporate responsibility and human rights violations in Nigeria's oil producing communities [Responsabilidade das empresas e violações dos direitos humanos nas comunidades produtoras de petróleo da Nigéria]. [Em linha] Disponível em: <http://www.hrw.org/reports/1999/nigeria/index.htm>

28. Inoni, O. E., Omotor, O. G., e Adun, F. N. 2006. The effects of oil spillage on crop yield and farm income in Delta State, Nigeria (Os efeitos do derrame de petróleo no rendimento das culturas e no rendimento agrícola no Estado do Delta, Nigéria). *Journal of Central European Agriculture*. **7(1)**, 41-48.
29. Grupo de Crise Internacional, Nigéria. A miséria no meio da abundância. *Relatório sobre África*. **113,** pp. 1 (19th julho, 2006).
30. Agência Internacional da Energia (AIE), 2003. World energy investment outlook: 2003 Insights. OCDE/AIEA, Paris.
31. Federação Internacional dos Proprietários de Navios-Tanque contra a Poluição, Limitada (ITOPF). 2010. Fate of marine oil spills. Londres, Reino Unido.
32. Iwamoto, T., e Nasu, M., 2001. Práticas e perspectivas actuais de bioremediação. *Journal of Bioscience and Bioengineering*. **92(1),** 1-8.
33. Kaiser, M. J., 2007. World offshore energy loss statistics. *Política energética*. **35,** 3496-3525.
34. Ladousse, A. e Tramier, B. 1991. Resultados de 12 anos de investigação em bioremediação de óleos derramados. Inipol **EAP22.** Proc. 1991 Oil Spill Conference. Instituto Americano do Petróleo, Washington DC.
35. Lahey, W. L., e Leschine, T. M., 1983. Evaluating the risks of offshore oil development. *Environmental Impact Assessment Review*. **4/3-4,** 271-286.
36. Leahy, J. G., e Colwell, R. R., 1990. Degradação microbiana de hidrocarbonetos no ambiente. *Microbial Review*. **54,** 305-315.
37. Limson, J. 2002. Plantas indígenas para a salvação: Environmental remediation in Nigeria oil region. *Ciência em África.*
38. Long, S. M., e Holdway, D. A., 2002. Acute toxicity of crude and dispersed oil to *Octopus Pallidus* (Hoyle, 1885) hatchings. *Water Research*. **36,** 2769-2776.
39. Manby, B. 1999. O preço do petróleo: Corporate responsibility and human rights violations in Nigeria's oil producing communities (A responsabilidade das empresas e as violações dos direitos humanos

nas comunidades produtoras de petróleo da Nigéria). *Human Rights Watch.* EUA.

40. Maruff, P., Burns, C. B., Tyler, P., Currie, B. J., e Currie, J. 1998. Neurological and cognitive abnormalities associated with chronic petrol sniffing. *Brain.* **121,** 1903-1917.

41. McAuliff, C. D., 1977. Dispersão e alteração de óleo descarregado numa superfície de água. In: D. A. Wolfe (ed.), *Fate and Effects of Petroleum Hydrocarbons in Marine Organisms and Ecosystems,* Proc. Symp., Seattle, Washington, 10-12 de novembro de 1976. Pergamon Press, Oxford, 19-35.

42. Mukagbo, T. CNN, Inside Africa aired on 2nd October 2004. [Em linha] Disponível em: <http://transcript.cnn.com.> Acedido em 24th agosto de 2011.

43. Ndoms, E., 2005. Logistics and transportation in oil and gas exploration in Nigeria (Logística e transporte na exploração de petróleo e gás na Nigéria). Exploration and Production: *The Oil and Gas Review.* Número **2.**

44. Relatório de Desenvolvimento Humano do Delta do Níger (NDHDR). 2006. Programa das Nações Unidas para o Desenvolvimento.

45. Nwilo, P. C., e Badejo, O. T., 2001. Impactos dos derrames de petróleo ao longo da costa nigeriana. *A Associação para a Saúde e Ciência Ambiental.*

46. Nwosu, H. U., Nwachukwu, I. N., Ogaji, S. O. T., e Probert, S. D., 2006. Local involvement in harnessing crude oil and natural gas in Nigeria [Envolvimento local no aproveitamento do petróleo bruto e do gás natural na Nigéria]. *Applied Energy.* **83,** 1274-1287.

47. Obute, G. C., e Osuji, L. C., 2002. Consciência ambiental e dividendos: Um discurso científico. *Revista Africana de Estudos Interdisciplinares.* **3,** 90-94.

48. OCIMF/IPIECA. 1980. Oil spills their fate and impact on the marine environment (Derrames de petróleo, seu destino e impacto no ambiente marinho). Oil Companies International Marine Forum International Petroleum Industry Environmental Conservation Association. Wetherby and Co. Ltd, Londres, pp. 26.

49. Odeyemi, O., e Ogunseitan, O. A., 1985. A indústria do petróleo e o seu potencial de poluição na Nigéria. *Oil and Petrochemical Pollution.* **2,** 223-229.

50. Olaniran, A. O., Pillay, D., e Pillay, B., 2006. A bioestimulação e a bioaumentação melhoram a biodegradação aeróbia dos dicloroetanos. *Chemosphere.* **63,** 600-608.

51. Reese, E., e Kimbrough, R. D. 1993. Acute toxicity of gasoline and some additives (Toxicidade aguda da gasolina e de alguns aditivos). *Environmental Health Perspectives.* **102,** 115-131.

52. Ryder, A. G., 2005. Análise de óleos brutos de petróleo utilizando espetroscopia de fluorescência. *Revisões em Fluorescência.* **2005,** 169-198.

53. Salami, O. A., 1998. Controlo legal da poluição municipal e industrial da água: Nigeria's efforts so far, in: Simpson, S., and Fagbohun, O., eds., Environmental Law and Policy, LASU Law Centre, Lagos, 325.

54. Salanitro, J. P., Dorn, P. B., Huesemann, M. H., Moore, K. O., Rhodes, I. A., Rice-Jackson, L. M., Vipond, T. E., Western, M. M., Wisniewski, H. L., 1997. Bioremediação de hidrocarbonetos de petróleo bruto e avaliação da ecotoxicidade do solo. *Environ. Sci. Technol.* **31,** 1769-1776.

55. Samiullah, Y., 1985. Biological effects of marine oil pollution. *Oil and Petrochemical Pollution.* **2,** 235-264.

56. Scheren, P. A., Ibe, A. C., Janssen, F. J., e Lemmens, A. M., 2002. Environmental pollution in the Gulf of Guinea-a regional approach (Poluição ambiental no Golfo da Guiné - uma abordagem regional). *Marine Pollution Bulletin.* **44,** 633-641.

57. Steven, S., 1991. Seleção de nutrientes para aumentar a biodegradação para remediação de petróleo derramado nas praias. In: Proc. 1991 Oil Spill Conf. Instituto Americano do Petróleo, Washington DC.

58. Programa das Nações Unidas para o Ambiente. 2011. Avaliação ambiental de Ogoniland. [Em linha] Disponível em <http://www.unep.org/nigeria/>

59. Administração da Informação sobre Energia dos Estados Unidos. 2009. Produção de petróleo bruto da Nigéria por ano. Disponível em linha em: http://www.indexmundi.com/energy/aspx...ng....oil....production.

60. Uyigue, E., e Agho, M., 2007. Coping with climate change and environmental degradation in the Niger Delta of Southern Nigeria. Centro de Investigação e Desenvolvimento Comunitário (CREDC), Nigéria.

61. Van-Limbergen, H., Top, E. M., Verstraete, W. 1998. Bio-augmentação em lamas activadas: Questões actuais e perspectivas futuras. *Applied Microbial Biotechnology.* **50,** 16-23.

62. Venosa, A. D., Suidan, M. T., Wrenn, B. A., Strohmeier, K. L., Haines, J. R., Eberhart, B. L., King, D., Holder, E., 1996. Bioremediação de um derrame experimental de petróleo na costa da Baía de Delaware. *Environmental Science Technology.* **30,** 1764-1755.

63. Venosa, A. D., Zhu, X., Suidan, M. T., e Lee, K., 2001. Guidelines for the bioremediation of marine shorelines and freshwater wetlands (Orientações para a biorremediação de linhas costeiras marinhas e zonas húmidas de água doce). U.S. Environmental Protection Agency National Risk Management Research Laboratory. Cincinnati, OH 45268.

64. Weaver, N. K. 1988. Gasoline toxicology: Implications for human health. *Anais da Academia de Ciências de Nova Iorque.* **534,** 441-451.

65. Fundo Mundial para a Natureza (WWF). 2006. Fishing on the Niger River. [Online] Disponível em: http://www.panda.org/news_facts/multimedia/video/index.cfm?uNewsID=61121

APÊNDICE

Quadro 3. Resumo da produção de petróleo bruto por empresas na Nigéria de 1999 a 2010 (em milhares de barris)

Ano/Empresa	Concha	Mobil	Chevron	Elfo	NOAC	Texaco	Outros
1999	210,797	180,273	120,776	61,357	49,581	6,817	145,102
2000	292,461	207,651	154,722	51,559	57,557	17,178	5,822
2001	304,457	207,433	160,477	54,919	67,571	13,838	55,049
2002	264,230	184,126	128,564	48,622	54,602	8,819	10,763
2003	229,680	196,422	131,595	66853	54,002	7,428	158,100
2004	368,136	196,050	124,786	76,060	66,261	6,713	73,038
2005	295,193	207,121	127,308	80,109	67,590	5,488	54,775
2006	165,642	221,669	138,323	79,061	53,931	4,693	205,877
2007	135,504	198,205	126,467	79,369	38,689	2,231	222,535
2008	129,328	157,190	118,201	70,846	42,552	4,250	246,378
2009	105,274	161,630	95,906	57,879	37,923	4,432	317,303
2010	167,427	164,216	101,366	52,940	37,423	4,122	341,549
Total	**2,668,129**	**2,281,986**	**1,528,491**	**776,574**	**627,702**	**86,009**	**1,836,291**

Fonte: COMD no Boletim Estatístico Anual da NNPC

Tabela 4. Produção total de petróleo bruto e produção média diária na Nigéria de 1999 a 2010 (em milhares de barris)

Ano	Volume total da produção de petróleo bruto	Média diária
1999	774,703	2,122
2000	786,950	2,150
2001	863,744	2,366
2002	699,726	1,917
2003	844,100	2,312
2004	911,044	2,489
2005	837,584	2,295
2006	869,196	2,381
2007	803,000	2,200
2008	768,745	2,100

2009	780,347	2,137
2010	896,043	2,455
Total	**9,805,182**	**2,244**

Fonte: COMD no Boletim Estatístico Anual da NNPC

Quadro 5. Tendências da incidência de gasodutos na Nigéria de 1999 a 2010

	1999		2000		2001		2002		2003		2004		2005		2006		2007		2008		2009		2010		TOTAL
	V	R	V	R	V	R	V	R	V	R	V	R	V	R	V	R	V	R	V	R	V	R	V	R	
PH	355	8	730	93	381	1	444	1	608	16	396	33	1017	0	2091	0	1631	0	557	0	382	0	274	0	8918
W	78	4	215	27	56	8	26	4	90	14	241	25	769	0	662	0	306	0	745	0	280	0	716	0	4266
M	50	10	36	17	29	17	40	16	70	8	147	5	194	15	480	6	459	20	516	14	605	4	351	14	3123
K	7	5	3	0	8	0	2	5	11	9	110	12	237	6	176	0	126	0	110	19	100	23	350	18	1337
G	7	0	0	0	0	0	4	0	0	1	1	1	20	0	265	3	702	0	357	0	86	0	246	4	1694
Total	497	27	984	137	474	26	516	26	779	48	895	76	2237	21	3674	9	3224	20	2285	33	1453	27	1937	36	19438

V- Vandalização. R- Rutura
Fonte: PPMC no Boletim Estatístico Anual da NNPC

Tabela 6. Ocorrências de vandalização de condutas na Nigéria de 1999 a 2010

Número de ocorrências (vandalização)						
Ano/área	**Porto Harcourt**	**Guerra**	**Mosimi**	**Kaduna**	**Gombe**	**Total anual**
1999	355	78	50	7	7	**497**
2000	730	215	36	3	0	**984**

2001	381	56	29	8	0	**474**
2002	444	26	40	2	4	**516**
2003	608	90	70	11	0	**779**
2004	396	241	147	110	1	**895**
2005	1,017	769	194	237	20	**2,237**
2006	2,091	662	480	176	265	**3,674**
2007	1,631	306	459	126	702	**3,224**
2008	557	745	516	110	357	**2,285**
2009	382	280	605	100	86	**1,453**
2010	274	716	351	350	246	**1,937**
Total	**8,866**	**4,184**	**2,977**	**1,240**	**1,685**	**18952**

Fonte: PPMC no Boletim Estatístico Anual da NNPC

Tabela 7. Ocorrências anuais de rupturas de condutas na Nigéria de 1999 a 2010

Número de ocorrências (vandalização)						
Ano/área	Porto Harcourt	Guerra	Mosimi	Kaduna	Gombe	Total anual
1999	8	4	10	5	0	**27**
2000	93	27	17	0	0	**137**
2001	1	8	17	0	0	**26**
2002	1	4	16	5	0	**26**
2003	16	14	8	9	1	**48**
2004	33	25	5	12	1	**76**
2005	0	0	15	6	0	**21**
2006	0	0	6	0	3	**9**
2007	0	0	20	0	0	**20**
2008	0	0	14	19	0	**33**
2009	0	0	4	23	0	**27**
2010	0	0	14	18	4	**36**
Total	**152**	**82**	**146**	**97**	**9**	**486**

Fonte: PPMC no Boletim Estatístico Anual da NNPC

Quadro 8. Volume de perdas de produtos de gasodutos na Nigéria de 1999 a 2010 (milhares de toneladas)

Perda de produto (milhares de toneladas)						
Ano/área	Porto Harcourt	Guerra	Mosimi	Kaduna	Gombe	Total anual
1999	38.70	68.30	68.90	1.50	2.10	**179.50**
2000	319.80	17.30	54.70	4.30	1.50	**397.60**
2001	132.90	30.50	44.70	2.20	0.78	**211.08**
2002	222.32	12.03	70.64	2.63	0.62	**308.24**
2003	225.81	27.93	109.05	0.20	0.14	**363.13**
2004	150.32	73.18	156.94	3.16	13.29	**396.89**
2005	337.17	145.14	146.16	16.57	16.78	**661.82**

2006	336.23	16.00	183.40	0.00	0.00	**535.63**
2007	95.62	0.00	141.52	5.10	0.00	**242.24**
2008	151.15	22.36	12.98	5.13	0.00	**191.62**
2009	0.00	0.00	110.38	0.00	0.00	**110.38**
2010	0.00	45.94	144.50	3.99	0.00	**194.43**
Total	**2,010.02**	**458.68**	**1,243.87**	**44.78**	**35.21**	**3,792.56**

Fonte: PPMC no Boletim Estatístico Anual da NNPC

Tabela 9. Valor da perda de produtos petrolíferos devido a vandalização e rutura de condutas na Nigéria de 1999 a 2010 (milhões de N'000)

Perda de valor (milhões de euros)						
Ano/área	**Porto Harcourt**	**Guerra**	**Mosimi**	**Kaduna**	**Gombe**	**Total anual**
1999	674.40	1,164.10	1,264.90	23.10	31.60	**3,158.10**
2000	5,785.80	3,201.50	1,035.20	85.60	15.20	**10,123.30**
2001	2,359.20	581.05	829.40	84.10	13.30	**3,867.05**
2002	5,462.19	296.81	1,824.56	62.77	14.73	**7,661.06**
2003	8,121.00	1,002.00	3,860.00	7.00	0.003	**12,990.00**
2004	7,765.00	3,148.00	8,011.00	163.00	573.00	**19,660.00**
2005	20,591.00	9,854.00	9,251.00	990.00	929.00	**41,615.00**
2006	21,885.00	1,052.00	13,709.00	0.00	0.00	**36,646.00**
2007	6,333.00	0.00	10,634.00	273.00	0.00	**17,240.00**
2008	12,289.00	1,589.00	681.00	35.00	0.00	**14,594.00**
2009	0.00	0.00	8,195.50	0,00	0.00	**8,195.50**
2010	0.00	4,177.00	11,431.00	377.00	0.00	**15,985.00**
Total	**91,265.59**	**26,065.46**	**70,726.56**	**2,100.57**	**1,576.833**	**191,735.013**

Fonte: PPMC no Boletim Estatístico Anual da NNPC

Tabela 10. Volume anual de produtos petrolíferos importados para a Nigéria de 1999 a 2010 (MT)

Ano	**Volume de produtos petrolíferos importados**
1999	2,624,204
2000	7,252,478
2001	4,407,544
2002	4,441,381
2003	7,188,469
2004	6,326,115
2005	6,154,752

2006	6,489,137
2007	7,127,471
2008	5,505,687
2009	7,159,560
2010	6,639,752
Total	**71,316,550**

Fonte: PPMC no Boletim Estatístico Anual da NNPC

Tabela 11. Valor e volume dos produtos petrolíferos importados para a Nigéria de 2004 a 2010 ($ '000)

Ano	**Quantidade de produtos petrolíferos (MT)**	**Valor dos produtos petrolíferos ($ '000)**
2004	6,496,394	2,908,753
2005	6,154,752	3,626,068
2006	6,489,137	4,497,443
2007	7,127,470	5,110,568
2008	5,508,687	5,660,940
2009	7,159,559	4,841,179
2010	6,639,752	5,453,481
Total	**45,575,751**	**32,098,432**

Fonte: PPMC no Boletim Estatístico Anual da NNPC

Printed by Books on Demand GmbH, Norderstedt / Germany